全国职业技术院校计算机信息类专业教材

网络设备互联

人力资源和社会保障部教材办公室组织编写

中国劳动社会保障出版社

简介

本书主要内容包括交换机的基本操作、VLAN 的配置、路由器的基本操作、静态路由、动态路由、网络安全——访问控制列表、端口安全、网络地址转换配置、PPP 配置、三层交换技术、VLAN 间路由、冗余链路配置、VRRP（虚拟路由器冗余协议）、路由交换技术综合实验等。

本书由陈逸怀、谢建华主编，张志坚任副主编，张翔、许驰、顾秀可、徐军、翁曙光、何凤梅参加编写。

图书在版编目（CIP）数据

网络设备互联 / 人力资源和社会保障部教材办公室组织编写. —北京：中国劳动社会保障出版社，2015

全国职业技术院校计算机信息类专业教材

ISBN 978-7-5167-2122-3

Ⅰ. ①网…　Ⅱ. ①人…　Ⅲ. ①计算机网络-高等职业教育-教材　Ⅳ. ①TP393

中国版本图书馆CIP数据核字（2015）第231066号

中国劳动社会保障出版社出版发行

（北京市惠新东街 1 号　邮政编码：100029）

*

北京市科星印刷有限责任公司印刷装订　　新华书店经销

787 毫米 ×1092 毫米　16 开本　10.5 印张　246 千字

2015 年 9 月第 1 版　　2024 年 12 月第 9 次印刷

定价：19.00 元

营销中心电话：400-606-6496

出版社网址：http://www.class.com.cn

http://jg.class.com.cn

前　言

为了更好地满足全国职业技术院校计算机信息类专业的教学要求，全面提升教学质量，人力资源和社会保障部教材办公室组织全国有关学校的一线教师和行业、企业专家，充分调研企业用人需求和学校教学情况，吸收借鉴各地职业技术院校教学改革的成功经验，在2013年出版的计算机信息类专业基础课教材基础之上，开发了本套计算机信息类专业教材。

本次开发的专业教材主要包括《Access 2003数据库应用》《C语言（第二版）》《Visual Basic程序设计（第二版）》《小型局域网组建与管理》《IT产品营销》《网络综合布线》《Windows Server 2003服务器配置与管理》《Linux网络操作系统应用》《网络设备互联》《网络安全》《网页制作高级特效》《计算机系统故障诊断与维修》《常用办公自动化设备使用与维护》《CorelDRAW平面设计与制作》《Illustrator平面设计与制作》《3ds Max三维动画制作》，可用于计算机网络应用、计算机应用与维修以及计算机广告制作等专业的教学，下一步还将根据教学需求继续开发其他计算机信息类专业教材。

本套计算机信息类专业教材开发工作的重点主要体现在以下几个方面：

第一，坚持以能力为本位，突出职业教育特色。

根据计算机信息类专业毕业生所从事岗位的实际需要，合理确定相关技能人才应具备的能力结构与知识结构，在教学内容的深度和难度上做了科学界定。同时，在教材编写中进一步加强实践应用环节，突出职业教育特色，并力求使教材内容涵盖有关国家职业标准和国家计算机等级考试的知识和技能要求。

第二，遵循专业教学规律，合理构建教材体系。

根据计算机信息类专业的教学规律，按照当前职业院校的专业设置情况和发展趋势，合理构建通用的专业基础课教材和各专业方向的专业课教材体系，并做到有机衔接。通过由基础到专业、由通用到专门的教学内容安排，使学生掌握扎实的计算机基础应用能力，并进一步深入学习各专业课程的知识与技能，满足就业实际需要，提高岗位适应能力。

第三，兼顾技术发展与教学条件，突出计算机综合应用能力培养。

针对计算机软、硬件更新迅速的特点，在教学内容选取上，既注重体现新软件、新知识，又兼顾职业技术院校教学实际条件。在教学内容组织上，不局限于软件版本和软件功能的介绍，而更注重相关计算机综合应用能力的培养，为后续专业课程的学习打下良好的基础。

第四，创新教材编写模式，丰富教材表现形式。

根据职业院校学生认知规律，创新教材编写模式。以完成具体工作过程为主线组织教材内容，将理论知识的讲解与具体的任务载体有机结合，激发学生学习兴趣，提高学生实践能力。在表现形式上，通过丰富的操作图片和软件截图详尽地指导任务操作步骤和软件使用方法，使教材内容更加直观、形象。

第五，开发更多辅助产品，提供优质教学服务。

为方便教学，教材中涉及的素材文件均可通过职业教育教学资源和数字学习中心网站（http://zyjy.class.com.cn）免费下载，进入主页后搜索相应教材并进入图书详细页面即可找到下载链接。

本次教材的开发工作得到了北京、河北、山东、辽宁、黑龙江、江苏、河南、广东、云南等省、市人力资源和社会保障厅（局）及有关学校的大力支持，在此我们表示诚挚的谢意。

人力资源和社会保障部教材办公室

2015 年 8 月

目　　录

项目一　交换机的基本操作

交换机是局域网中的一种重要设备。它可将用户收到的数据包根据目的地址转发到相应的端口。图 1—1 所示为一个常见的机房拓扑结构图，从图中的连接关系可以大致看出，它的作用可以简单地理解为将计算机、服务器、网络打印机等网络设备连接起来组成一个局域网。

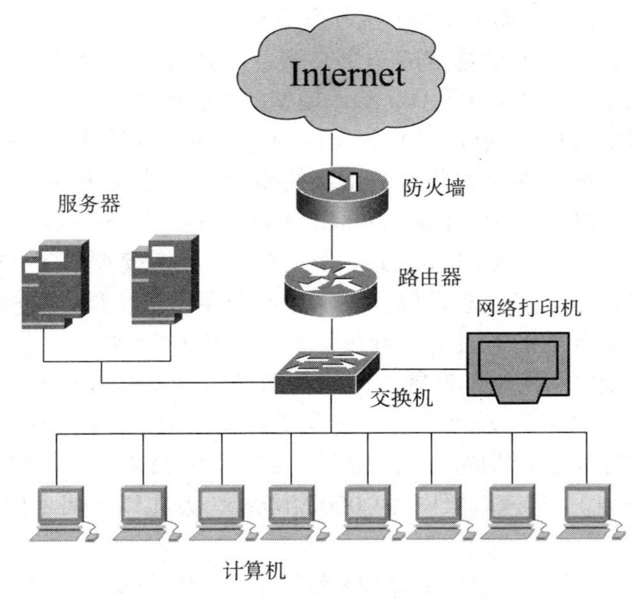

图 1—1　机房常见拓扑图

任务 1　交换机设备的认知

学习目标

1. 了解以太网交换机的相关概念。
2. 了解以太网交换机的管理方法。
3. 能正确连接交换机和 PC 等硬件设备。
4. 能进入交换机管理界面，输入并执行命令。

任务描述

在局域网中，应用最为广泛的是以太网交换机。本任务将了解以太网交换机的基本知识，熟悉交换机与计算机设备的连接方式，以及交换机的管理方法，通过查看交换机配置相关命令的使用，初步体验配置交换机的基本操作。

相关知识

一、以太网交换机的相关概念

1. 以太网交换机的工作原理

（1）开放式系统互联参考模型（OSI 参考模型）

本项目所学习的交换机是最基本的一个类型，也称为二层交换机，这里所谓的“层”，是指其工作的网络层次，这就涉及了 OSI 参考模型的有关概念。

通信系统中，网络硬件、软件、协议、存取控制和拓扑必须按照一定的标准进行设计应用，才能够实现正常的连通，这些通信系统的整体设计称为网络体系结构。网络体系结构广泛采用的是国际标准化组织（International Organization for Standards, ISO）在 1979 年提出的开放系统互联（Open System Interconnection, OSI）参考模型。OSI 参考模型用物理层、数据链路层、网络层、传输层、会话层、表示层和应用层七个层次描述网络的结构，它的规范对所有的厂商都是开放的，具有指导国际网络结构和开放系统走向的作用。网络体系结构直接影响总线、接口和网络的性能。网络体系结构主要包括 FDDI、以太网、令牌环网等。目前应用最广泛的就是以太网，它是当今现有局域网采用的最通用的通信协议标准。随着技术的发展，传输速率不断提高，在标准以太网（10 Mbit/s）的基础上，目前已发展出快速以太网（100 Mbit/s）、高速以太网（1 000 Mbit/s）、万兆以太网（10 000 Mbit/s）等更为快速的标准。

OSI 参考模型体系结构标准定义了异构系统互联的七层框架，也称为 OSI/RM 参考模型。基于此框架，各协议规范可进一步详细地规定每一层的功能，而每一层使用下层提供的服务，并向其上一层提供服务。当今的网络大多是建立在 OSI/RM 网络参考模型基础之上的。

OSI/RM 的七层参考模型结构，从下至上分别为物理层、数据链路层、网络层、传输层、会话层、表示层和应用层，如图 1—2 所示。

1）物理层用于提供机械的、电气的功能和过程特征，其作用是使原始的数据比特流能在物理媒体上传输。

2）数据链路层用于实现数据的无差错传输。接收物理层的原始数据位流组成帧（位组），并在网络设备之间传输。帧含有源站点和目的站点的物理地址。

3）网络层用于处理网络间路由，确保数据及时传输。将数据链路层提供的帧组成数据包，包中封装有网络层包头，其中含有逻辑地址信息、源站点和目的站点地址的网络地址。

4）传输层用于提供建立、维护和取消传输连接功能，负责可靠地传输数据。

5）会话层用于提供包括访问验证和会话管理在内的建立和维护应用之间的通信机制，如服务器验证用户登录便是由会话层完成的。

6）表示层用于提供格式化的表示和转换数据服务，如数据的压缩和解压缩、加密和解密等工作都由表示层负责。

7）应用层用于提供网络与用户应用软件之间的接口服务。

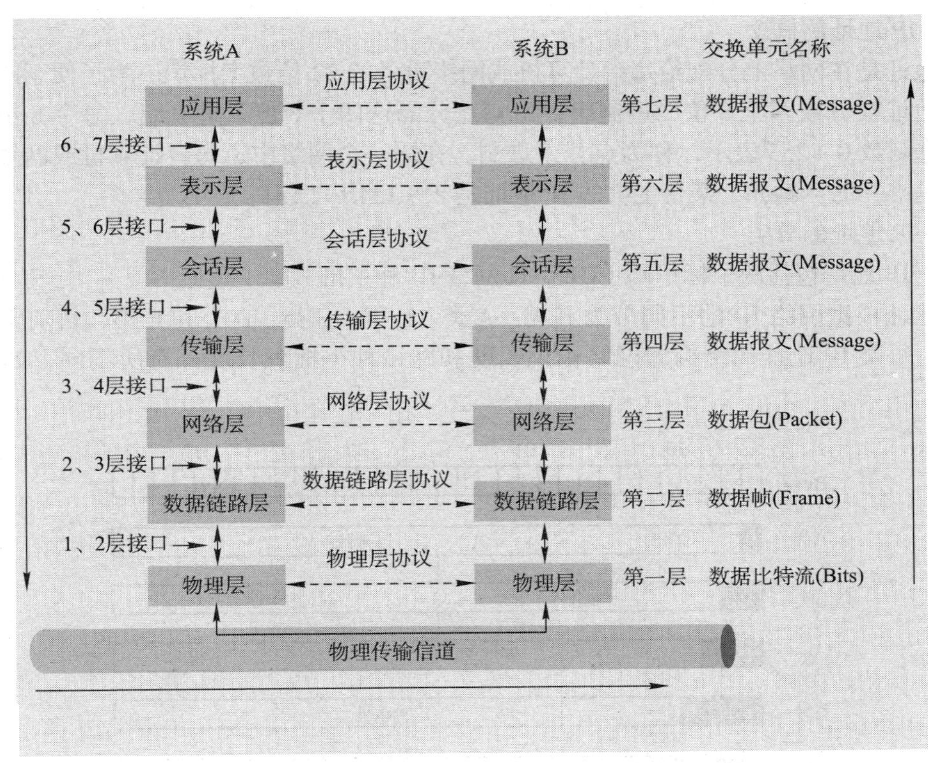

图 1—2 OSI/RM 的七层参考模型结构

（2）以太网交换机

以太网交换机（图 1—3）工作于 OSI 参考模型的第二层（数据链路层），是一种基于 MAC（介质访问控制）地址识别完成以太网数据帧转发的网络设备。因为以太网的广泛应用，通常也将以太网交换机简称为交换机。

以太网交换机在端口上接收计算机发送过来的数据帧，根据帧头的目的 MAC 地址查找 MAC 地址表，然后将该数据帧从对应端口上转发出去，从而实现数据交换。

交换机与更为简单的网络连接设备集线器（HUB）的不同之处在于，集线器会将网络内某一用户发送的数据包传至所有已连接到集线器的计算机。而交换机则只会将数据包发送到指定目的地的计算机，效率及安全性更高。另外，交换机也能将同时传到的数据包分别处理，而集线器不能实现。

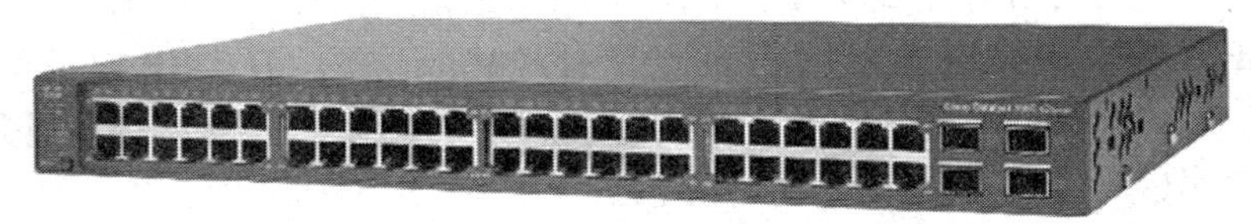

图 1—3 以太网交换机

2. IP 地址的基本知识

交换机用于网络的搭建，而网络的搭建和 IP 地址的概念密不可分，IP 地址是网络设备在网络中一个重要的身份证明。

（1）IP 地址的概念

IP 地址是在网络上分配给每台计算机或网络设备的 32 位数字标识。为了便于阅读和记忆，IP 地址被分成四个 8 位二进制组，由句点分隔这四个 8 位二进制组，每个 8 位二进制组用十进制数 0 ~ 255 表示，称为点分十进制。在同一个网络中，每台计算机或网络设备的 IP 地址是唯一的。例如，某台主机的 IP 地址是 219.134.132.131。

（2）IP 地址的分类

一个 IP 地址包括两个标识码（ID），即网络 ID 和主机 ID。

IP 地址根据网络 ID 的不同分为五类：A 类、B 类、C 类、D 类和 E 类，目前常用的为前三类。每类 IP 地址的结构即网络标识长度和网络种类标识长度都有所不同，如图 1—4 所示。

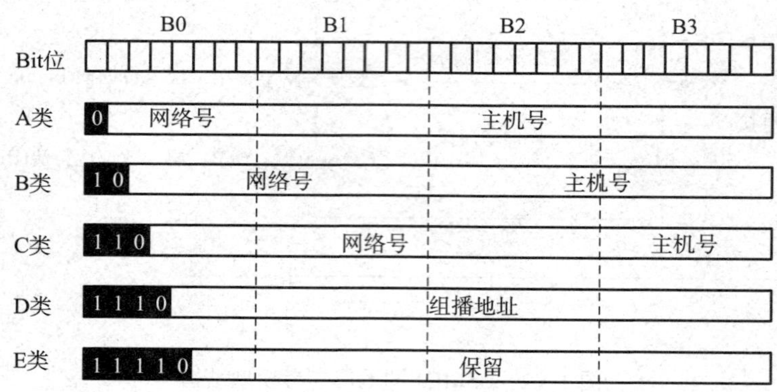

图 1—4 IP 地址的结构

1）A 类 IP 地址。A 类地址用于非常大的网络，例如大型跨国公司的网络。一个 A 类 IP 地址由 1 个字节的网络地址和 3 个字节的主机地址组成，网络地址的最高位必须是“0”，地址范围从 1.0.0.0 到 126.0.0.0。可用的 A 类网络有 126 个，每个网络能容纳 1 677 万余个主机。

2）B 类 IP 地址。B 类地址用于中等规模的网络。一个 B 类 IP 地址由 2 个字节的网络地址和 2 个字节的主机地址组成，网络地址的最高位必须是“10”，地址范围从 128.0.0.0 到 191.255.255.255。可用的 B 类网络有 16 382 个，每个网络能容纳 6 万多个主机。

3）C 类 IP 地址。C 类地址通常用于中小型企业。一个 C 类 IP 地址由 3 个字节的网络地址和 1 个字节的主机地址组成，网络地址的最高位必须是 110，地址范围从 192.0.0.0 到 223.255.255.255。C 类网络可达 209 万余个，每个网络能容纳 254 个主机。

4）D 类 IP 地址。D 类地址常用于多点广播（Multicast）。D 类 IP 地址第一个字节以 1110 开始，它是一个专门保留的地址，并不指向特定的网络。多点广播地址用来一次寻址一组计算机，标识共享同一协议的一组计算机。

5）E 类 IP 地址。E 类地址仅供试验用。以 11110 开始，为将来使用保留。

全 0 的 IP 地址（0.0.0.0）对应于当前主机。全 1 的 IP 地址（255.255.255.255）是当前子网的广播地址。

所有的 IP 地址都由国际组织 NIC（Network Information Center）负责统一分配，目前全世界共有三个这样的网络信息中心：InterNIC，负责美国及其他地区；ENIC，负责欧洲地区；

APNIC，负责亚太地区。

我国申请 IP 地址要通过 APNIC，APNIC 的总部设在日本东京大学。申请时要考虑申请哪一类 IP 地址，然后向国内的代理机构提出。

（3）私有地址

在上述 IP 地址的三种主要类型（A 类、B 类、C 类）里，各保留了三个区域作为私有地址，其地址范围如下：

A 类地址：10.0.0.0 ~ 10.255.255.255

B 类地址：172.16.0.0 ~ 172.31.255.255

C 类地址：192.168.0.0 ~ 192.168.255.255

这三段私有地址只能用于局域网，不会被分配给 Internet 上的网络设备，局域网中的设备与 Internet 通信时，必须通过局域网统一的具有公有 IP 地址的出入口进行转发，因此不同的局域网可以重复使用相同的私有地址而不会互相干扰，从而大大节省了 IP 地址资源。本书的主要内容是利用交换机和路由器进行局域网的搭建和配置，将会频繁地接触这些私有地址，三段私有地址可容纳的设备数量各有不同，对于小规模的局域网，常使用 192.168.0.0 ~ 192.168.255.255 网段。

（4）子网掩码

在 IP 地址的二进制形式下，规定前若干位表示网络号，后若干位表示主机号。不同 IP 段，对网络号的最大长度及主机号的最小长度都有严格的规定。但若将二进制形式的 IP 地址转化为十进制，网络号和主机号就无法分开，这时就引入了子网掩码的概念。

例如，某 IP 地址的二进制形式为 11011101.11011111.11101101.01011000，其中前 26 位为网络号，后 6 位为主机号。采用一组与 IP 地址形式相同的二进制数来标记这种关系，规定网络号对应的前 26 位为 1，主机号对应的后 6 位为 0，即 11111111.11111111.11111111.11000000，这组数字就是子网掩码。转化成十进制数，该 IP 地址即为 221.223.237.88，子网掩码即为 255.255.255.192。从二进制形式可以看出，该网络下最多可以容纳 2^6（64）台计算机。

子网掩码的主要作用有两个，一是用于屏蔽 IP 地址的一部分以区别网络标识和主机标识，并说明该 IP 地址是在局域网上，还是在远程网上；二是用于将一个大的 IP 网络划分为若干小的子网，不同的子网之间不能直接通信，从而实现了隔离管理。

通常，如果不专门进行子网的划分，则采用默认的子网掩码，A、B、C 类 IP 地址的默认子网掩码如下：

A 类：255.0.0.0

B 类：255.255.0.0

C 类：255.255.255.0

3. 以太网交换机的端口类型

（1）RJ–45 端口（图 1—5）

RJ–45 端口是日常使用中最常见的网络设备端口，属于双绞线以太网端口类型。RJ–45 插头只能沿固定方向插入，设有一个塑料弹片与 RJ–45 插槽卡住以防止脱落。

这种端口在 10 Base–T 以太网、100 Base–TX 以太网、1 000 Base–TX 以太网中都可以使用，传输介质都是双绞线，不过根据带宽的不同对介质也有不同的要求，特别是 1 000 Base–

TX 千兆以太网连接时，至少要使用超五类线，要保证稳定高速的话还要使用六类线。

图 1—5　以太网交换机 RJ–45 端口

（2）Console 端口（图 1—6）

可进行网络管理的交换机上一般都有一个 Console 端口，它是专门用于对交换机进行配置和管理的。通过 Console 端口连接并配置交换机，是配置和管理交换机必须经过的步骤。因为其他方式的配置往往需要借助 IP 地址、域名或设备名称才可以实现，而新购买的交换机显然不可能内置这些参数，所以 Console 端口是最常用、最基本的交换机管理和配置端口。

不同类型的交换机 Console 端口所处的位置并不相同，有的位于前面板，有的则位于后面板。通常模块化交换机大多位于前面板，而固定配置交换机则大多位于后面板。在该端口的上方或侧方都会有类似“CONSOLE”字样的标识。

除位置不同之外，Console 端口的类型也有所不同，绝大多数交换机都采用 RJ–45 端口，但也有少数采用 DB–9 串行端口或 DB–25 串行端口。

无论交换机采用 DB–9 或 DB–25 串行端口，还是采用 RJ–45 端口，都需要通过专门的 Console 线连接至配置方计算机的串行端口。与交换机不同的 Console 端口相对应，Console 线也分为两种：一种是串行线，即两端均为串行端口（两端均为母头），两端可以分别插入至计算机的串口和交换机的 Console 端口；另一种是两端均为 RJ–45 接头（RJ–45 to RJ–45）的扁平线。由于扁平线两端均为 RJ–45 接头，无法直接与计算机串口进行连接，因此，还必须同时使用一个 RJ–45 to DB–9（或 RJ–45 to DB–25）的适配器。

图 1—6　交换机背部的 Console 端口

二、以太网交换机的管理

以太网交换机可以通过以下几种途径进行管理。

1. 通过 RS-232 串行口管理

管理以太网交换机最基本的方法，是通过串口线将交换机 Console（控制台）端口与终端相连，执行相关的命令进行管理。所谓终端，是指一类带有显示器的用于输入输出的设备，通过线缆与被控制的设备相连，用户在终端上发出指令，传递到被控设备上执行。随着 PC 的发展，目前多通过在 PC 上安装终端仿真软件，将 PC 仿真成交换机的一个终端，从而实现对交换机的访问和配置。

Windows 系统一般都默认安装了称为“超级终端”的一款仿真软件，对于 Windows XP 系统，该程序位于“开始”菜单下“程序”中“附件”的“通讯”群组下面，若没有，可利用“控制面板”中的“添加 / 删除程序”来安装。单击“通讯”群组下面的“超级终端”，即可启动超级终端。首次启动超级终端时，会要求输入所在地区的电话区号，输入后将显示图 1—7 所示的连接创建对话框，在“名称”输入框中输入该连接的名称，并选择所使用的示意图标，然后单击“确定”按钮。

图 1—7 “连接描述”对话框

此时将弹出对话框，要求选择连接使用的 COM 端口，根据实际连接使用的端口进行选择，如 COM1，然后单击“确定”按钮，如图 1—8 所示。

交换机控制台端口默认的通信波特率为 9 600 bit/s，因此需将 COM 端口的通信波特率设置为 9 600 bit/s，数据流量控制选择无。也可直接单击“还原默认值”按钮来进行自动设置。设置好后，单击“确定”按钮，程序开始连接登录交换机。当看到交换机的命令行状态显示“Switch>”，说明此时计算机已经和交换机控制台正确相连，可以完成具体配置命令。

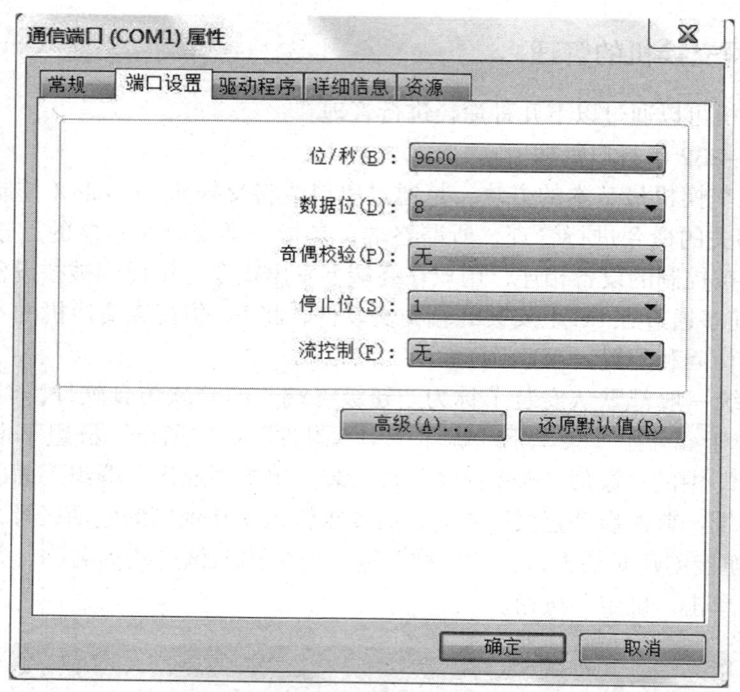

图 1—8 “通信端口（COM1）属性”对话框

2. 通过 Telnet 远程管理

交换机可以以 PC 作为虚拟终端，通过 Telnet 远程管理，但是必须给交换机指定一个 IP 地址。这个 IP 地址除了供管理交换机使用之外，并没有其他用途。在默认状态下，交换机没有 IP 地址，必须通过串口或其他方式指定一个 IP 地址之后，才能启用这种管理方式。Telnet 远程管理可以通过 Windows “命令提示符”方式下的 Telnet 程序实现。点击 Windows “开始”菜单中的“运行”菜单项，执行 cmd 命令进入“命令提示符”状态，执行“telnet 交换机 IP 地址”命令（如 telnet 192.168.0.1）即可登录连接交换机。

3. 通过软件在局域网上管理

交换机均遵循 SNMP 协议（简单网络管理协议），SNMP 协议是一整套符合国际标准的网络设备管理规范。凡是遵循 SNMP 协议的设备，均可以通过网管软件来管理，在一台网管工作站上安装 SNMP 网络管理软件，即可通过局域网很方便地管理网络上的交换机。

任务实施

一、设备准备

交换机 Cisco 2950 一台，PC 一台，控制台电缆一条。

二、实施过程

1. 连接硬件设备，打开电源开关

图 1—9 展示了计算机与交换机的两种连接方式。

一种是，Console 配置线一头连接 PC 后面的串口，一头连接交换机的 Console 口。对交换机的初始化配置必须这样连接完成。

另一种是，一根网线一头连接 PC 网卡，一头连接交换机的 RJ-45 交换机端口，这一连接实际上是将计算机接入到交换机中，这一连接无法实现通过超级终端程序对交换机的配置操作。多台计算机通过该方法连接到交换机，则形成一个局域网。

本任务采用第一种方法，使用串口连接。

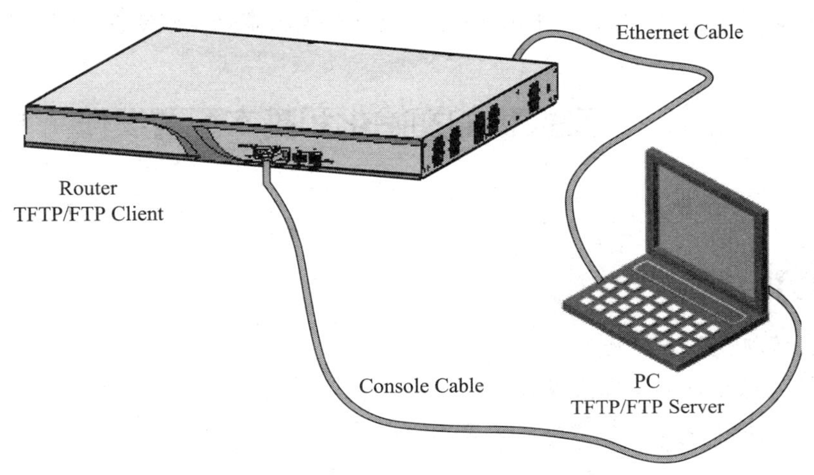

图 1—9　计算机与交换机的两种连接方式

2. 进入交换机管理配置界面

按照“相关知识”所介绍的管理方式，使用 Windows 操作系统自带的超级终端程序，在教师指导下进入交换机管理配置界面。

3. 查看交换机的配置

对交换机的管理通过输入各种命令完成，其形式为 Windows 中的命令提示符模式。这里通过查看交换机配置、查看操作系统版本的简单命令的操作，测试 PC 与交换机的基本通信是否正常，并体验交换机配置操作的基本工作方式。

在状态提示符后输入“enable”（进入特权模式命令）并按回车键，然后输入“show running-config”（显示当前配置命令）并按回车键，即可查看交换机的当前配置信息。

小提示

在后续的配置操作过程中，可随时使用该命令查看当前的配置情况。

在本书中，为表现更加简明直观，对操作命令采用如下例所示方式进行说明：

```
Switch>enable                          // 进入特权模式
Switch#show running-config             // 显示当前配置，可缩写为 show run
```

其中，白体英文字符为配置界面系统自动显示的内容，如此处的“Switch>”和“Switch#”即为系统提示符。铺灰底的文字即为用户手动录入的命令，如此处的“enable”和“show running-config”。“//”之后的文字为注释说明文字，主要用于对命令的讲解说明，在实际操作中并不显示，也不要录入。每输入完一条命令，按下回车键执行，屏幕显示内容转入下一行。

继续完成查看操作系统版本的命令，操作过程如下：

```
Switch#show version                                    //查看当前软件版本
```

系统将显示当前固件版本［例如“IOS（tm）C2950 Software（C2950-I6Q4L2-M），Version 12.1（22）EA4, RELEASE SOFTWARE（fc1）”）、版权信息（例如“Copyright（c）1986-2005 by cisco Systems, Inc.”］等内容。

其中，交换机的版本信息是在使用中应注意的，因为不同版本操作系统的交换机可以实现的功能通常是有区别的，实际工作中还可以通过升级版本来实现更多功能。

任务 2　交换机的初始化和基本配置操作

学习目标

1. 能对交换机使用环境进行初始化。
2. 能对交换机进行基本配置操作。
3. 能通过 Telnet 方式远程登录交换机进行配置管理。

任务描述

交换机与计算机类似，也需要通过操作系统来进行管理，Cisco 交换机使用的操作系统称为网际操作系统（Internetwork Operating System，IOS），除交换机外，该操作系统还应用于路由器等其他网络设备。IOS 系统通过命令行的形式实现对网络设备的功能设置，可实现网络设备及连接端口的功能首选项设置、运行网络协议与网络功能设备之间数据传输安全管理设置等功能。

本任务将主要完成交换机的初始化，交换机名、端口速率、双工方式及 Telnet 远程管理权限等基本参数的配置，掌握 IOS 的基本操作方法及不同配置模式的切换使用。

相关知识

一、交换机的初始化

交换机的初始化是指将已经配置过的交换机恢复系统的初始配置。要进行初始化配置，一般都需要用串口线进行设置，一端连在交换机的 CONSOLE 口，另一端连在计算机的 COM 口。

二、交换机的配置模式

Cisco IOS（Cisco 交换机的操作系统）提供了用户模式和特权模式两种基本的命令执行级别，同时还提供了全局配置、接口配置、Line 配置和 vlan 数据库配置等多种级别的配置模式，以允许用户对交换机的资源进行配置和管理。

1. 用户模式

当用户通过交换机的控制台端口或 Telnet 会话连接并登录到交换机时，此时所处的命令执行模式就是用户模式。在该模式下，只能执行有限的一组命令，这些命令通常用于查看系统信息、改变终端设置和执行一些最基本的测试命令，如 ping、traceroute 等。

用户模式的命令行提示符为：Switch>。

其中的 Switch 是交换机的主机名，对于未配置的交换机默认的主机名就是 Switch。

小提示

在交换机配置过程中，可随时输入半角问号（?）并按回车键，来查看当前模式下可执行的命令列表及相关帮助信息。

2. 特权模式

在用户模式下，执行 enable 命令，将进入到特权模式。在该模式下，用户能够执行 IOS 提供的所有命令。特权模式的命令行提示符为：Switch#。

从用户模式进入特权模式的操作及显示结果如下：

```
Switch>enable                //enable 命令可以缩写为 en
Switch#
```

若需离开特权模式，返回用户模式，可执行 exit 或 disable 命令。

重新启动交换机，可执行 reload 命令。

3. 全局配置模式

在特权模式下，执行 configure terminal 命令，即可进入全局配置模式。在该模式下，只要输入一条有效的配置命令并按回车，内存中正在运行的配置就会立即改变并生效。该模式下的配置命令的作用域是全局性的，即对整个交换机起作用。

全局配置模式的命令行提示符为：Switch（config）#。

从特权模式进入全局配置模式的操作及显示结果如下：

```
Switch#config terminal       //config terminal 命令可以缩写为 conf t
Switch(config)#
```

在全局配置模式，还可进入接口配置、line 配置等子模式。若需从子模式返回全局配置模式，可执行 exit 命令；若需从全局配置模式返回特权模式，也是执行 exit 命令；若要退出任何配置模式，直接返回特权模式，则需使用 end 命令或按 Ctrl+Z 组合键。

在全局配置模式下，可对交换机的一些基本属性进行配置修改。例如，使用 hostname 命令可设置交换机的名称。

小提示

需要注意，对交换机的配置进行修改后，为了使配置在下次掉电重启后仍生效，需要将新的配置保存到 NVRAM 中，在特权模式下执行 write 命令，其配置过程如下：

```
Switch(config)#exit
Switch#write
```

相反地，若要擦除当前保存的配置文件，可使用 erase startup-config 命令。

4. 接口配置模式

在全局配置模式下，执行 interface 命令，即进入接口配置模式，命令格式为“interface 端口名”。上一任务中使用的 Cisco 2950 交换机共有 24 个接口，其端口名命令依次为 fastethernet 0/3 ~ fastethernet 0/24，命令“interface fastethernet 0/3”的作用即进入对 fastethernet 0/3 端口进行配置的模式。

在接口配置模式下，可对选定的接口（端口）进行配置，并且此模式下只能执行配置交换机端口的命令。接口配置模式的命令行提示符为：Switch（config-if）#。

5. Line 配置模式

在全局配置模式下，执行 line vty 或 line console 命令，将进入 Line 配置模式。该模式主要用于对虚拟终端（VTY）和控制台端口进行配置。

Line 配置模式的命令行提示符为 Switch（config-line）#。

从全局配置模式进入控制台端口配置模式的命令是“line console 0”。

利用 Telnet 远程管理时，交换机支持多个虚拟终端，一般为 16 个（编号为 0 ~ 15）。从全局配置模式进入虚拟终端配置模式的命令为“line vty × ×”，其中的 × 为线路编号。

6. VLAN 数据库配置模式

在特权模式下执行 vlan database 配置命令，即可进入 VLAN 数据库配置模式，此时的命令行提示符为 Switch（vlan）#。

在该模式下，可实现对 VLAN（虚拟局域网）的创建、修改或删除等配置操作。退出 VLAN 配置模式，返回到特权模式，可执行 exit 命令。

小提示

在实际操作中要注意 IOS 命令的运行级别，不同的命令有不同的运行级别。在特权模式下输入配置模式的命令，会无法执行并报错。

任务实施

一、设备准备

交换机 Cisco 2950 一台，带有网卡的工作站 PC 一台，控制台电缆一条。

二、实施过程

1. 初始化交换机

初始化交换机的配置过程如下：

```
Switch>enable                                   //进入特权模式
Switch#erase startup-config                     //擦除当前配置
Erasing the nvram filesystem will remove all configuration files!
Continue? [confirm]                             //根据提示，按回车键确认
Erase of nvram:complete                         //系统提示配置擦除成功
%SYS-7-NV_BLOCK_INIT:Initialized the geometry of nvram
```

```
Switch#reload                                  //加载出厂配置文件
Proceed with reload? [confirm]                 //根据提示，按回车键确认
```

此时，交换机开始初始化操作，包括检查基本硬件信息、闪存存储空间及重新载入默认固件系统、检验硬件信息等，配置过程中的相关参数将随时在计算机管理界面中显示出来。

操作完成后，系统提示如下：

```
Press RETURN to get started!
```

表示初始化设置完成，配置成功。根据提示按回车键继续。

此时重新进入交换机，在特权模式下可通过 show running-config 命令查看到当前的配置信息，操作过程如下：

```
Switch>enable
Switch#show running-config
```

2. 更改交换机名为 sw1

配置过程如下：

```
Switch(config)#hostname sw1
Sw1(config)#
```

3. 配置端口速度和双工方式

Cisco 2950 交换机支持标准以太网和快速以太网，相应地，其端口速率有 10 M、100 M 和自适应三种方式。在实际网络搭建中，应根据线路两端网络的情况匹配相应的速率，避免出错。

Cisco 2950 交换机支持半双工、全双工和自适应三种工作方式。所谓半双工，是指一个时间段内发送和接收两者之间只能有一个动作发生，类似于只有一条车道的公路，一侧的一辆车通过之后，对面的车才能开过来，对讲机的工作方式就是半双工的。而全双工则是指发送数据和接收数据两者同步进行，如同双向车道，相向行驶的车辆可自由通行，电话的工作方式就是全双工的。目前交换机一般都采用全双工的方式。

在 Cisco 交换机的操作系统中，端口的命名采用"端口类型模块号 / 端口号"的形式，对于 Cisco 2950 交换机，其端口支持快速以太网，只有一个编号为 0 的模块，则第 3 个快速以太网端口即用"fastethernet 0/3"来表示。

按照本任务要求，将 0 号模块上的第 3 个快速以太网端口的端口通信速度设置为 100 M，全双工方式，其配置过程如下：

```
Switch(config)#interface  fastethernet 0/3   //配置接口，该命令可以缩写成 int f0/3
Switch(config-if)#speed 100                  //设置速率为 100 M
Switch(config-if)#duplex full                //设置为全双工方式
Switch(config-if)#end
Switch#write                                 //保存配置文件
```

4. 设置 Telnet 虚拟终端接入数量

对 0 ~ 4 共 5 条虚拟终端线路设置登录密码，使交换机允许同时有 5 个 Telnet 登录连接，此处按任务要求，暂不设置密码，其配置过程如下：

```
Switch#config terminal
Switch(config)#line vty 0 4        //允许虚接口 0 ~ 4 共 5 个用户接入
```

```
Switch(config-line)#no login           //设置为登录不需密码验证
Switch(config-line)#end
Switch#write
```

5. 使用 Telnet 虚拟终端连接交换机，验证设置情况

（1）配置交换机 IP 地址

如任务 1 中所述，采用 Telnet 方式管理交换机，必须为交换机设置一个 IP 地址。交换机 IP 地址可自由设置，但必须使用私有地址，交换机 IP 地址的配置过程如下：

```
Switch#configure  terminal                    //进入全局配置模式
Enter configuration commands,one per line. End with CNTL/Z.
Switch(config)#interface vlan 1               //进入 VLAN 虚接口模式
Switch(config-if)#ip add 192.168.10.1 255.255.255.0  //配置IP地址和子网掩码
Switch(config-if)#no shutdown                 //启用虚接口
```

小提示

设备端口默认为 shutdown 状态，配置使用时应使用 no shutdown 命令启用端口。

（2）连接配置计算机

按照图 1—7 所示，改用网线连接 PC 和交换机。在计算机中，将 IP 地址设置为和交换机同一网段，默认网关设置为交换机 IP 地址，如：

IP 地址：192.168.200.2

子网掩码：255.255.255.0

默认网关：192.168.200.1

（3）Telnet 连接交换机

进入 Windows 命令提示符，输入“telnet 交换机 ip 地址”命令登录路由器，如“telnet 192.168.200.1”。

结束 Telnet 连接可使用 exit 命令。

任务 3　交换机备份 IOS 和配置文件

学习目标

1. 能使用 Cisco Packet Tracer 软件进行仿真。
2. 能完成 IOS 和配置文件的备份与还原操作。

任务描述

真实环境下，IOS 软件是交换机的核心。所以，日常工作中很重要的一个任务，就是保障IOS的安全性，进行必要的备份，一旦操作系统出现故障或出现异常，可通过恢复IOS操作进行还原。

为便于用户学习、设计、测试网络设备的配置使用，Cisco公司还开发有专用的仿真软件。通过该软件，可模拟真实设备的连接、配置和使用。相较于真实的网络设备，对于学习和设计工作，使用仿真软件更为便捷、安全。

本任务将使用Cisco Packet Tracer软件，模拟在一台交换机进行IOS软件与配置文件的备份。通过对交换机Switch0进行配置，利用TFTP备份当前IOS与配置文件到指定服务器，并测试IOS的还原操作。

相关知识

一、IOS 的特点

前面任务中通过初始化和基本配置的设置，已初步接触了IOS操作系统，IOS的优点在于命令体系比较易用。归纳起来，IOS系统具有以下特点：

（1）支持通过命令行（Command-Line Interface，CLI）或Web界面来对交换机进行配置和管理。

（2）支持通过交换机的控制端口（Console）或Telnet会话来登录连接访问交换机。

（3）提供用户模式（User Level）和特权模式（Privileged Level）两种命令执行级别，并提供全局配置、接口配置、子接口配置和VLAN数据库配置等多种级别的配置模式，以允许用户对交换机的资源进行配置。

（4）在用户模式，仅能运行少数的命令，允许查看当前配置信息，但不能对交换机进行配置。特权模式允许运行提供的所有命令。

（5）IOS命令不区分大小写。

（6）在不引起混淆的情况下，支持命令简写。比如enable通常可简约表达为en。

（7）可随时使用“?”来获得命令行帮助，支持命令行编辑功能，并可将执行过的命令保存下来，进行历史命令查询。

二、TFTP 备份方法

TFTP全称为Trivial File Transfer Protocol，中文名叫简单文件传输协议。从名称上看出，它适合传送“简单”的文件。与FTP不同的是，它使用的是UDP的69端口，因此可以穿越许多防火墙。不过它也有缺点，比如传送不可靠、没有密码验证等。虽然如此，它还是非常适合传送小型文件的。TFTP只能从远程服务器上读、写文件（邮件）或者读、写文件传送给远程服务器。它不能列出目录，并且当前不提供用户认证。

TFTP备份法就是将网络中一台计算机设置为TFTP服务，然后来备份和恢复数据。要想顺利地备份和恢复交换机，需要事先建立一个TFTP服务器，这样通过网络将TFTP服务器和交换机连接到一起，然后通过get或者put命令将flash文件或config文件进行备份和还原。实际操作中一般都是通过Cisco TFTP Server软件来建立TFTP服务器。本任务内容基于模拟器Cisco Packet Tracer 6.0，模拟计算机终端已经自带TFTP功能，其操作界面与 TFTP Server 有所不同，但是总体解决问题的思路与输入的代码是完全一致的。

任务实施

一、设备准备

装有 Cisco Packet Tracer 软件的 PC 一台。

二、实施过程

1. 运行 Cisco Packet Tracer 软件，建立虚拟网络设备

Cisco Packet Tracer 是由 Cisco 公司发布的一款辅助学习工具，为学习思科网络课程的初学者去设计、配置、排除网络故障提供了网络模拟环境。用户可以在软件的图形用户界面上直接使用拖曳方法建立网络拓扑，并可提供数据包在网络中行进的详细处理过程，观察网络实时运行情况。可以学习 IOS 的配置，锻炼故障排查能力。软件操作界面如图 1—10 所示。

软件的操作较为简单，通过拖曳的方式即可选择所需的网络设备。在左下角区域选择“交换机”，然后在其右侧的型号选择框中选择“2950-24 型号”，将其拖曳到界面中间空白的工作区。然后用类似的方法，选择“Server-PT”类型的“终端设备”。使用“自动选择类型”的“线缆”，将两个设备连接起来，即完成了网络设备的建立和连接，如图 1—11 所示。布置过程中，还可使用界面右侧的各项编辑模式，例如，有放置错误的内容时，可选择叉号进入删除状态进行删除。

图 1—10　软件操作界面

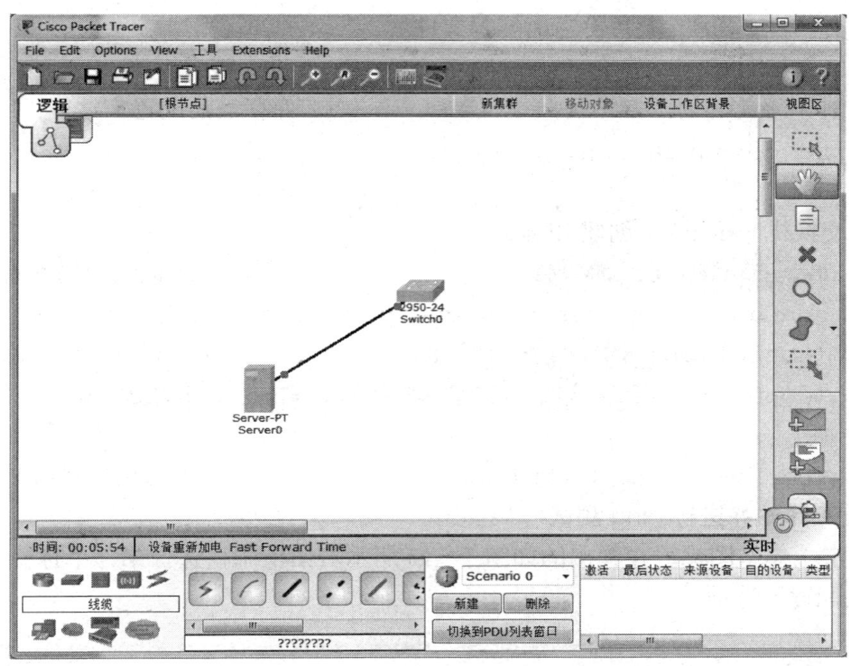

图 1—11　连接完成

2. 配置交换机

在界面右侧的编辑模式选择第一项“选择”，然后双击交换机的图形，在打开的对话框（图 1—12）中，选择第三个标签“命令行”，即进入了命令行模式，可输入各种命令对交换机进行配置。

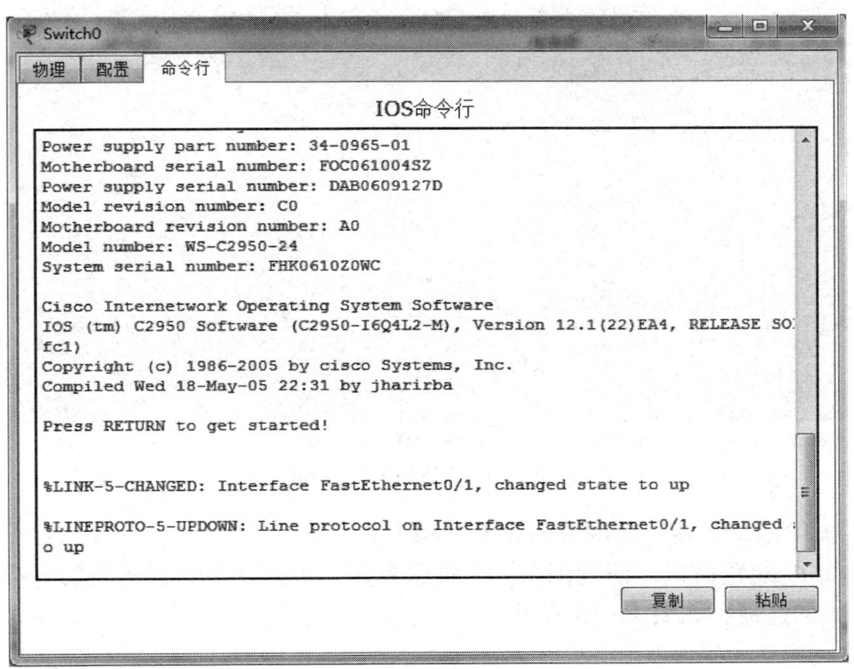

图 1—12　交换机配置界面

（1）在交换机 Switch0 上备份当前配置文件

```
Switch>enable                              // 进入特权模式
Switch#write                               // 保存当前配置文件
Building configuration...
[OK]
```

（2）在交换机 Switch0 上创建 IP 地址

```
Switch#configure terminal                  // 进入全局配置模式
Enter configuration commands,one per line.  End with CNTL/Z.
Switch(config)#interface vlan 1            // 进入 VLAN 虚接口模式
Switch(config-if)#ip add 192.168.10.1 255.255.255.0    // 配 置 IP 地址和子网掩码
Switch(config-if)#no shutdown              // 启用虚接口
```

3. 配置工作站并进行 ping 测试

（1）双击工作站图标，在弹出的如图 1—13 所示对话框中，选择第三个标签“桌面”中的“IP 地址配置”选项。

图 1—13　工作站的管理界面

（2）配置 IP 地址、掩码、网关，如图 1—14 所示。

（3）关闭 IP 配置窗口，回到图 1—13 所示界面，进入“命令提示符”，使用 ping 命令测试与交换机的连通，如图 1—15 所示。

IP配置

Interface FastEthernet0

IP配置

自动获取 手动设置

IP地址 192.168.10.2

子网掩码 255.255.255.0

默认网关 192.168.10.1

DNS服务器

IPv6 Configuration

自动获取 Auto Config 手动设置

IPv6 Address /

Link Local Address FE80::205:5EFF:FE4D:C389

IPv6 Gateway

IPv6 DNS Server

图 1—14 IP 配置界面

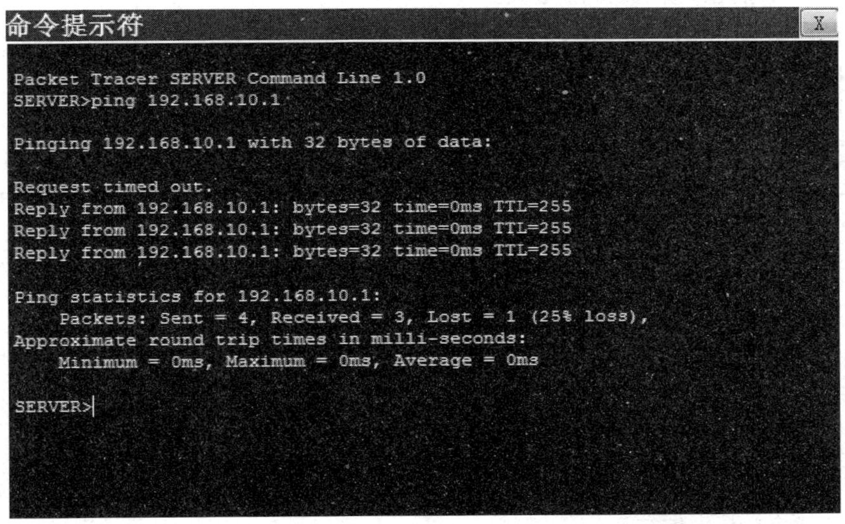

图 1—15 ping 测试

4. 备份 IOS 软件

（1）查看源文件名

在交换机 Switch0 中，在命令行下，回到特权模式，使用“show flash:”命令查看源文件名。

（2）在交换机 Switch0 上备份 IOS 软件至 Server0

Switch#copy flash:tftp: //拷贝闪存内文件至 TFTP 服务器

Source filename [ ]? c2950-i6q4l2-mz.121-22.EA4.bin //确认拷贝源文件名

Address or name of remote host [ ]? 192.168.10.2   //确认服务器地址

Destination filename [c2950-i6q4l2-mz.121-22.EA4.bin]? //按回车确认拷贝目的文件名

系统提示以下信息，表明备份完成。

Writing c2950-i6q4l2-mz.121-22.EA4.bin...!!

[OK-3058048 bytes]

3058048 bytes copied in 0.058 secs(52724000 bytes/sec)

（3）在交换机 Switch0 备份配置文件至 Server0

Switch#copy startup-config tftp: //拷贝启动配置文件至 TFTP 服务器

Address or name of remote host [ ]? 192.168.10.2 //确认拷贝服务器地址

Destination filename [Switch-confg]?   //按回车确认拷贝目的文件名

系统提示以下信息，表明备份完成。

Writing startup-config...!!

[OK-985 bytes]

985 bytes copied in 0.001 secs(985000 bytes/sec)

5. 在工作站 Server0 中查看备份情况

如图 1—16 所示，在“配置”标签下，选择“服务”→“TFTP”选项，即可看到备份文件的信息。

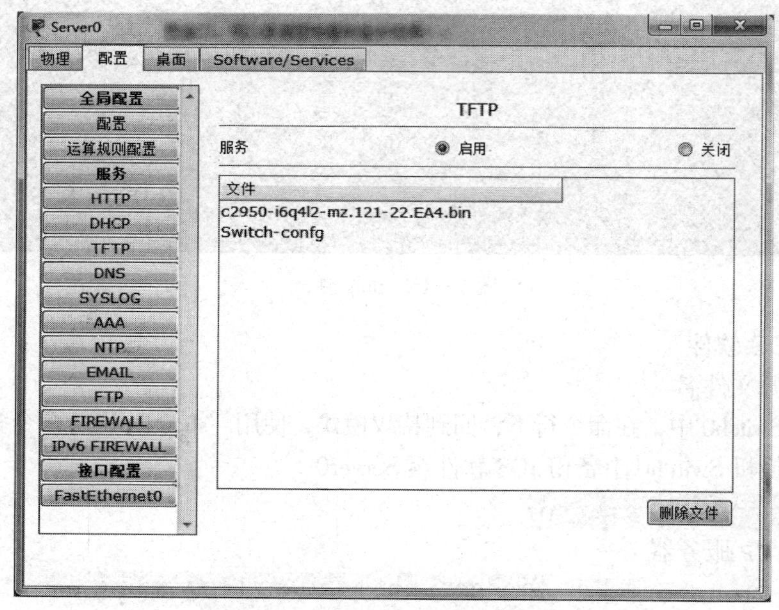

图 1—16　备份文件信息

6. 将 TFTP Server 上的 IOS 还原到交换机上

Switch#delete flash:　　　　　　　　　　　　　　　// 删除 flash 里面的文件

Delete filename [ ] ?c2950-i6q4l2-mz.121-22.EA4.bin　　// 删除现有 IOS 文件

Delete flash:/ c2950-i6q4l2-mz.121-22.EA4.bin? [confirm]

　　　　　　　　　　　　　　　　　　　　　　// 提示是否确认删除，按回车确认

Switch#copy tftp:flash:　　// 将 TFTP 服务器上面的 IOS 升级到交换机上面

Address or name of remote host [ ] ? 192.168.10.2　//TFTP 服务器的 IP 地址

Source filename [ ] ?c2950-i6q4l2-mz.121-22.EA4.bin　//TFTP 上面的 IOS 文件名

Destination filename [c2950-i6q4l2-mz.121-22.EA4.bin] ?　　// 确认文件名

Accessing tftp://192.168.1.1/ c2950-i6q4l2-mz.121-22.EA4.bin...

Loading c2950-i6q4l2-mz.121-22.EA4.bin from

192. 168.10.2:!! [OK-3058048 bytes]

3058048 bytes copied in 0.11 secs(27800436 bytes/sec)

至此即成功还原了 IOS 系统。配置文件的还原方法也与之类似。

任务 4　交换机密码的设置与重置

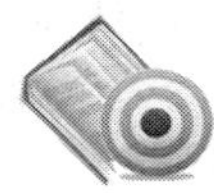

学习目标

1. 了解交换机密码的基本类型，能进行密码的设置和取消。
2. 能在密码遗失情况下，对特权模式密码进行重置操作。

任务描述

交换机担负着网络连通的重要工作，一旦交换机配置被人篡改，将造成网络无法正常工作，带来安全隐患。因此为保护交换机的工作安全，需要对交换机的有关权限通过密码进行保护，包括特权模式密码、控制台密码、Telnet 登录密码等。

本任务就是对交换机特权模式密码、控制台密码和 Telnet 登录密码进行配置。

相关知识

一、密码的设置

1. 特权模式密码

特权模式下可以对交换机的配置进行各项修改，通常为保障安全，需要对特权模式设置密码。特权模式的密码有明文密码和密文密码两种，区别是，使用“show running-config”（缩写为“show run”）命令查看配置信息时，明文密码将直接显示出来，而密文密码则显示为乱码，如下所示：

```
Switch#show run
Building configuration...

Current configuration : 1043 bytes
!
version 12.1
no service timestamps log datetime msec
no service timestamps debug datetime msec
no service password-encryption
!
hostname Switch
!
enable secret 5 $1$mERr$gsT/Ol5GvccluWxu2cQ1I.  //密文密码显示为乱码
enable password 222222                          //明文密码直接显示密码内容
……
```

特权模式密码的设置须在全局配置模式下完成，设置明文密码的名为“enable password ******”，设置密文密码的命令为“enable secret ******”，其中，****** 代表要设置的密码内容。

需要注意的是，两种密码同时设置时，密文密码起作用。

2. 控制台登录密码

设置控制台登录密码后，用户通过终端连接交换机后，必须正确输入密码才能进入交换机用户模式。控制台登录密码可在控制台 Line 配置模式下，使用“password ******”命令进行设置，其中，****** 代表要设置的密码内容。设置完成后，执行 login 命令使密码生效。

3. Telnet 登录密码

Telnet 虚拟终端管理方式同样需要进行相关配置以保证安全，其登录有三种方式，可根据管理需要选择。

（1）只使用密码登录

其密码配置方法和控制台端口一样，示例如下：

```
Switch(config)#line vty 0 4            //为Telnet用户设置0～4共5条线路
Switch(config-line)#password 123       //设置远程登录密码
Switch(config-line)#login
```

（2）使用账户与密码登录

示例如下：

```
Switch(config)#line vty 0 4            //为Telnet用户设置0～4共5条线路
Switch(config-line)#login local        //设置为本地登录
Switch(config-line)#exit
Switch(config)#username 111 password 111     //设置本地账户名和密码
```

（3）不需要密码

示例如下：

```
Switch(config)#line vty 0 4            //为Telnet用户设置0～4共5条线路
Switch(config-line)#no login
```

二、密码的取消

如果需要取消原来设置的密码，只需在设置密码的命令前加 no 即可。

小提示

在 Cisco IOS 命令中，若要实现某条命令的相反功能，只需在该条命令前面加“no”，并执行前缀有 no 的命令即可。

相关命令及操作如下：

1. 删除特权模式密码

```
Switch#conf t
Switch(config)#no enable password         //删除配置模式明文
Switch(config)#no enable secret           //删除配置模式密文
```

2. 删除控制台密码

```
Switch(config)#line console 0
Switch(config-line)#no password           //删除密码
Switch(config-line)#no login              //删除用户登录模式
```

小提示

只有在控制台密码已设置且用户登录模式为开启状态时，控制台密码才有效，二者缺一不可。

3. 删除 Telnet 密码

```
Switch(config-line)#exit
Switch(config)#line vty 0 4
Switch(config-line)#no password              //删除密码
```

小提示

删除密码后，如用户登录模式仍为“login”状态，则交换机将禁止 Telnet 远程登录。而如果用户登录模式为“no login”状态，则用户无须密码即可登录交换机。在实际使用中，应注意两种情况的区别，根据需要在删除密码前使用“login”或“no login”命令控制用户登录模式。

三、特权模式密码的重置

进入特权模式是配置交换机的关键，其登录密码必须牢记，但在一般使用过程中，忘记密码的情况仍然较为常见，这种情况下，交换机允许用户对密码进行重置。其操作方法如下：

（1）重新插拔一次交换机电源，在交换机重启的前 30 s 内按住交换机面板的 mode 键不放，直到进入 boot 模式。

（2）在 boot 模式下，输入“flash_init”命令并按回车键确认，对 flash 进行初始化。

（3）初始化结束后，输入“rename flash:config.text flash:config.old”命令并按回车键确认。

（4）输入“reboot”命令并按回车键确认，使交换机重启。

（5）重启正常加载 IOS 后，进入配置模式，在特权模式下输入“copy flash:config.old system:running–config”命令。

（6）在全局配置模式下重新设置密码并保存。

任务实施

一、设备准备

交换机 Cisco 2950 一台、Cisco 1841 一台，带有网卡的工作站 PC 一台，控制台电缆一条。

二、实施过程

1. 配置特权模式密码

（1）设置密码

按任务要求，此处设置密文密码 laodongshe，操作过程如下：

```
Switch>enable                              //进入特权模式，可以缩写为 en
Switch#config terminal                     //进入全局配置模式，缩写为
conf t
Enter configuration commands,one per line.  End with CNTL/Z.
```

```
Switch(config)#enable secret laodongshe   //设置特权模式登录密码
```

（2）验证密码是否生效

设置好密码后，退出特权模式重新进入，进行验证，如下所示：

```
Switch>en
Password:    //系统要求输入密码，用户输入的密码文字在屏幕上不显示
Switch#
```

2. 特权模式密码重置

按照“相关知识”中所述步骤，完成密码的重置操作。

3. 设置控制台登录密码

设置控制台登录密码为654321，并启用该代码，配置方法如下：

```
Switch#config terminal                //config terminal 命令可缩写为 conf t
Switch(config)#line console 0         //配置编号为 0 的端口（控制端口）
Switch(config-line)#password  654321     //设置密码为 654321
Switch(config-line)#login             //使设置生效
Switch(config-line)#end               //退回特权模式
Switch#write                          //保存配置文件
```

配置完成后，使用 reload 命令重启交换机，再次使用超级终端登录，测试密码是否生效。

4. 设置 Telnet 登录密码

（1）按照任务 2 所学习的方法，使用超级终端连接交换机，配置交换机的 IP 地址。

（2）参照“相关知识”中的示例，选择一种登录方式，配置密码。注意完成上述配置后，使用 write 命令保存设置。

（3）正确设置计算机 IP 地址，改用网线连接计算机和交换机，使用 Telnet 程序登录测试密码是否生效。

项目二　VLAN 的配置

虚拟局域网（Virtual Local Area Network 或简写 VLAN,V–LAN）是一种建构于局域网交换技术（LAN Switch）的网络管理技术，网络管理员通过控制交换机有效分派出入局域网的数据包到指定的端口，实现对局域网内不同物理位置的交换设备进行逻辑分群（Grouping）管理，并降低当局域网内大量数据流通时，因无用数据包过多而导致拥塞的问题，以及提升局域网的信息安全保障。VLAN 中的网络用户是通过 LAN 交换机来通信的。一个 VLAN 中的成员看不到另一个 VLAN 中的成员。

任务 1　VLAN 的概念及基本配置方法

学习目标

1. 了解 VLAN 的基本概念及功能。
2. 了解 VLAN 常见的划分方法。
3. 能完成单交换机的 VLAN 配置。

任务描述

在组建局域网时，常常会遇到下面例子中的情况：在学校里有许多办公室，每个办公室又有若干台计算机。同一个科室的计算机之间数据通信比较频繁，如果将几个科室的计算机都接入一台交换机，即加入到同一个物理网络，计算机此时同处于一个广播域，性能会受到较大影响。而且某些情况下不希望该科室的计算机可以被其他科室访问，如财务处、校长室等。

这类问题通常可以通过配置 VLAN 来解决。VLAN 的作用是将一个完整的物理网络从逻辑上划分成若干个虚拟局域网，从而实现同一虚拟局域网的计算机数据传输相对独立，达到提高传输效率与保证私密性的目的。

本任务将通过完成以下案例，熟悉 VLAN 配置的基本方法：某校局域网内一交换机连接财务处两台计算机和就业处一台计算机，要求实现同一部门的计算机间可以相互通信，而不同部门的计算机间无法通信。网络拓扑如图 2—1 所示。

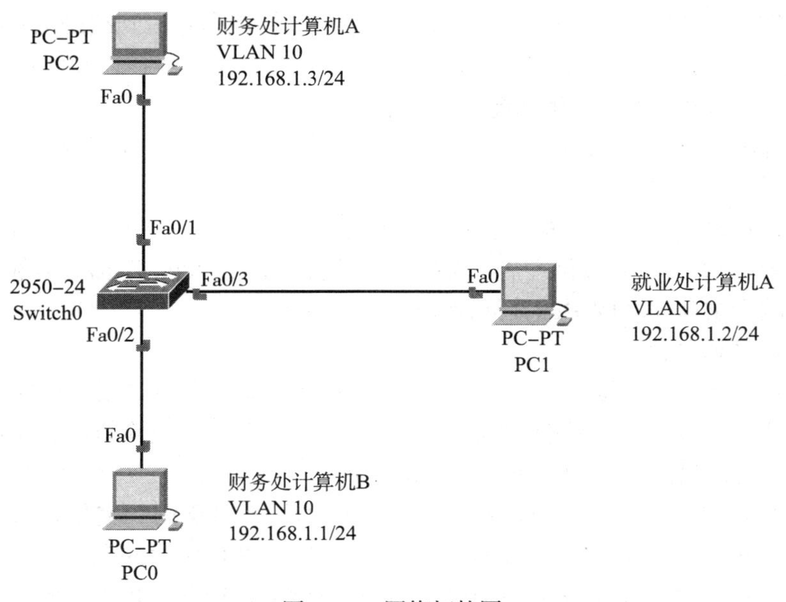

图 2—1　网络拓扑图

相关知识

一、VLAN 的相关概念

1. 冲突域和广播域

VLAN 的一大重要功能就是隔离广播域。实际上我们还会经常听到冲突域这个关键词，以下就对这两种域做一个具体说明。

冲突域指的是同一个物理网段上所有节点的集合或以太网竞争同一带宽的节点集合。在冲突域内，带宽可以被认为是共享的。集线器（HUB）或者中继器（Repeater）所连接的计算机终端可以被认为在同一个冲突域内。随着终端数量的增多，网络性能下降明显。二层设备，即数据链路层上的设备，如二层交换机、网桥，还有工作在第三层（网络层）的计算机，可以划分冲突域。

广播域指网络中所有能接收到同样广播消息的设备的集合。这与现实中的广播电台较为类似，广播电台播放节目，所有接收到该节目的收音机就可以认为处在同一个广播域中。只是在计算机中，广播传输的信息是各类数据。第一层、第二层的设备下的终端节点都处于同一个广播域内，随着接入终端数量的增多而影响网络性能。路由器和三层交换机这样的三层设备可以划分（隔离）广播域。

三层设备是从硬件工作方式上隔离广播域，二层交换机可以通过设置 VLAN 从逻辑上隔离广播域。

2. VLAN 的功能

在以太网中，所有交换机的端口都处于同一个广播域下，一台计算机在网络上发出的任何信号（包括有误信号），其他所有计算机都能够接收到，这使得有限的网络带宽资源被很多无用的广播信息占用，同时私密性也会下降。后面项目要学习的三层交换机和路由器这两个设备由于工作在网络层，也可以实现隔离广播的功能，但是考虑到组网的成本，通常更多采用搭建 VLAN 的方式来解决。

VLAN 的出现解决了以下三个问题：

（1）有效地切割了广播域，使得“大广播”区域变成多个相关计算机群组成的“小广播”。

（2）实现了不同 VLAN 用户的隔离。

（3）灵活地搭建了一个虚拟的工作组。如将公司的各个部门划分到不同的 VLAN 区段，各部门都像处在一个真实局域网一样，很容易地进行信息互访，广播也都被限制在 VLAN 内，而不会扩散到物理局域网中的其他计算机。

3. VLAN 与子网的区别

一般局域网中常常采用默认的子网掩码，如 C 类地址采用 255.255.255.0，有时为便于管理 IP 资源，还常常通过子网掩码的设定来划分子网。在同一交换机下，不同子网之间也是不能通信的，因此通过子网划分也可以实现隔离用户的功能。

划分 VLAN 和划分子网在隔离功能上的重要区别是，对于同一交换机下的设备，当出现广播时，所有的端口都要接收，不同子网下的设备会对该消息进行拒绝，而不同 VLAN 下则不会互相发送广播信息，因此在隔离广播的功能上，VLAN 更具优势。而从管理方面讲，如果用户拥有修改 IP 地址的权利，那么只要自行更改 IP 地址，即可进入其他子网中，而在 VLAN 下，则无法实现。

二、VLAN 常见的划分方法

VLAN 在交换机上的实现方法，常用的可以大致划分为两类。

1. 基于端口划分 VLAN

这是应用最为广泛、有效的一种 VLAN 划分方法，目前绝大多数 VLAN 协议的交换机都提供这种 VLAN 配置方法。这种方法根据以太网交换机的交换端口来划分，将交换机上的物理端口和交换机内部的永久虚电路端口分成若干组，每组构成一个虚拟网，相当于一个个独立的 VLAN 交换机。

这种方法的优点是定义 VLAN 用户非常简单，只需指定端口所属 VLAN 组即可。缺点是灵活性较差，当某一用户离开原来的接口接入另外端口时，必须重新定义。

2. 基于 MAC 地址划分 VLAN

每一块网卡都对应唯一的 MAC 地址，因此将 MAC 地址根据需要分为不同的组，即实现了 VLAN 的划分，交换机根据主机的 MAC 地址，即可确认它的 VLAN 归属。这种方式基于用户而非基于端口，因此具有较好的灵活性，当某一用户从一个交换机端口移动到其他交换机端口时，VLAN 无须重新配置。但这种方法也有明显的缺点，即在配置初始化时，所有的用户都必须进行配置，如果有几百个甚至上千个用户的话，管理员的工作强度会非常大，所以这种划分方法通常适用于小型局域网。同时，这种划分方法也降低了交换机的执行效率，另外，用户的 MAC 地址查询起来相当不容易。

三、VLAN 配置命令

1. 创建与删除 VLAN

交换机中组建的每一个 VLAN 均有一个对应的编号，其格式为“VLAN ID 号”，其中 ID 号由网络管理员自行定义，取值范围为 1～4 096。默认情况下，交换机的所有端口均属于 VLAN 1。同时，为便于管理和使用，网络管理员还可以为每个 VLAN 设定一个名称。

VLAN 的创建、命名和删除必须在全局模式下完成，其命令及格式如下：

创建 VLAN:vlan [vlan-id]（如 vlan 10，vlan-id 的取值范围为 1～4 096）

命名 VLAN:name [vlan-name]（如 name abc10）

删除 VLAN:no vlan [vlan-id]（如 no vlan 10）

退出全局模式后，可使用以下命令查看 VLAN 配置结果：

```
show vlan {name vlan-name | id vlan-id}
```

其中，中括号内的内容为可选参数，不使用，显示交换机上所有 VLAN 的信息，也可使用"name vlan 名称"或"id vlan-id"的参数形式显示指定 VLAN 的信息。

2. 分配 VLAN 端口

分配 VLAN 端口的命令格式为：

```
switchport access vlan vlan-id
```

该命令应在相应端口的端口配置模式下进行。

分配 VLAN 端口可逐个端口添加，也可分组连续端口添加。

逐个分配 VLAN 端口的操作如下面实例所示：

```
Switch#configure terminal                          // 进入全局配置模式
Switch(config)#vlan 10                             // 创建 VLAN 10
Switch(config)#interface fastethernet 0/5          // 进入端口配置模式
Switch(config-if)#switchport access vlan 10        // 将端口 5 分配到 VLAN 10 中
```

连续添加的操作与逐个添加类似，进入端口配置模式时，应使用的命令格式为"interface range 端口范围"，即对一组连续的端口同时进行设置，如下例所示：

```
Switch#configure terminal                          // 进入全局配置模式
Switch(config)#vlan 10                             // 创建 VLAN 10
Switch(config)#interface range fastethernet 0/4-6  // 配置 4～6 号端口
Switch(config-if)#switchport access vlan 10        // 将端口 4～6 分配到 VLAN 10 中
```

任务实施

一、设备准备

路由器 Cisco 2950 一台，带有网卡的工作站 PC 三台，直连网线若干，控制台电缆一条。

二、实施过程

根据图 2—1，具体配置步骤如下。

1. 配置 IP 地址

按任务拓扑图的要求，配置交换机和三台 PC 的 IP 地址，其中交换机 IP 地址的设置参见项目一任务 3。应注意到，三台 PC 的 IP 地址在同一网段内，如没有 VLAN，三者之间是可以正常通信的。

2. 创建 VLAN 10 和 VLAN 20

```
Switch>enable
Switch#configure terminal
Enter configuration commands,one per line.  End with CNTL/Z.
Switch(config)#vlan 10
Switch(config-vlan)#exit
Switch(config)#vlan 20
Switch(config-vlan)#exit
```

3. 划分连接端口

```
Switch(config)#interface range fastEthernet 0/1-2
Switch(config-if-range)#switchport access vlan 10
Switch(config-if-range)#exit
Switch(config)#interface fastEthernet 0/3
Switch(config-if)#switchport access vlan 20
Switch(config-if)#end
```

4. 检查配置结果

以上两步即完成了 VLAN 的划分，这时可通过 show vlan 命令查看当前 VLAN 的状态。

```
Switch#show vlan
```

执行命令后，部分显示结果如下：

```
VLAN Name                          Status    Ports
---- -------- --------- ----------------------
1    default                    active   Fa0/4,Fa0/5,Fa0/6,Fa0/7
                                           Fa0/8,Fa0/9,Fa0/10,Fa0/11
                                           Fa0/12,Fa0/13,Fa0/14,Fa0/15
                                           Fa0/16,Fa0/17,Fa0/18,Fa0/19
                                           Fa0/20,Fa0/21,Fa0/22,Fa0/23
                                           Fa0/24
10    VLAN0010                             active    Fa0/1,Fa0/2
20    VLAN0020                             active    Fa0/3
1002 fddi-default                 act/unsup
1003 token-ring-default         act/unsup
1004 fddinet-default             act/unsup
1005 trnet-default                act/unsup
```

从以上信息可以看出，VLAN 10 和 VLAN 20 都已正确创建，Fa0/1 和 Fa0/2 已经被划入 VLAN 10 中，逻辑上属于一个广播域。Fa0/3 被划入 VLAN 20 域内。

5. 测试连通状态

（1）在财务计算机 A 上（IP 地址为 192.168.1.3，处于 VLAN 10 中）使用 ping 命令测试连接财务计算机 B（IP 地址为 192.168.1.1，处于 VLAN 10 中）。

（2）在财务计算机 A 上连接就业处计算机 A（IP 地址为 192.168.1.2，处于 VLAN 20 中）。

正常结果应为：第（1）步可以 ping 通，而第（2）步不能 ping 通，即同一个 VLAN 内的计算机能够相互连通，不同 VLAN 内的计算机无法通信。

任务 2　VLAN 和 Trunk 的交换机配置

学习目标

1. 理解多机实现 VLAN 模式的意义。
2. 能使用 Trunk 命令完成 VLAN 的配置。

任务描述

在实际组网过程中，常遇到计算机数量较多，一台交换机上有限的接口无法将全部计算机接入，或者同一部门的各台计算机相隔较远（如处于不同楼层），在空间上无法接入同一台交换机的情况。这种情况下，就必须用到多台交换机，多台交换机间的通信就需要用到中继技术。

本任务将通过完成以下案例，熟悉结合中继技术配置 VLAN 的方法：某校行政部门办公楼共有两层，校长办公室、校长助理办公室和财务处等部门在此办公。要求在两台交换机上划分三个 VLAN，实现不同楼层的若干个相关科室之间的通信。处于 VLAN 1 区域内的校长助理办公室与财务处办公室可以在虚拟局域网内通信，处于 VLAN 3 区域内的校长办公室与副校长办公室可以在虚拟局域网内通信。其拓扑结构如图 2—2 所示。

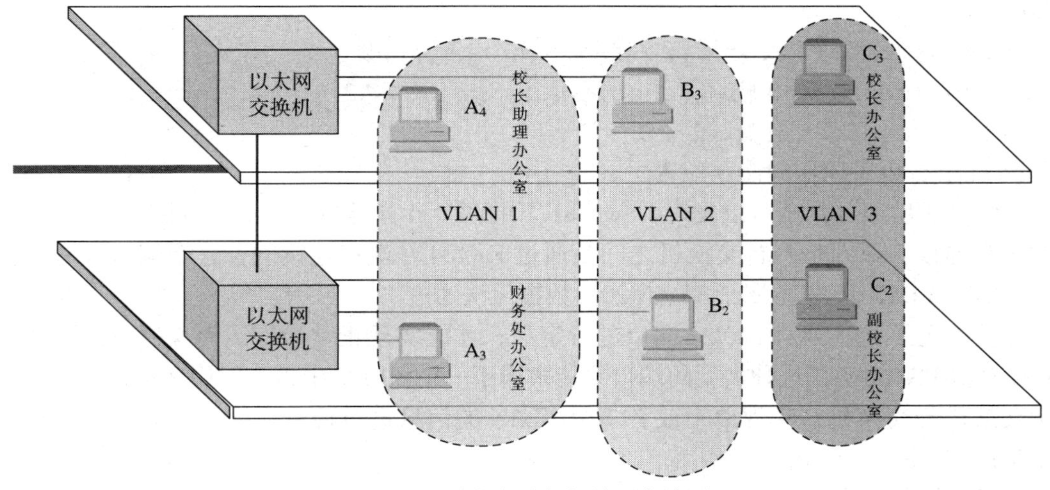

图 2—2　学校行政部门楼层布线图

假设在前面的实验任务所组建网络的基础上，再创建一台交换机 Switch2，拓扑结构如图 2—3 所示。

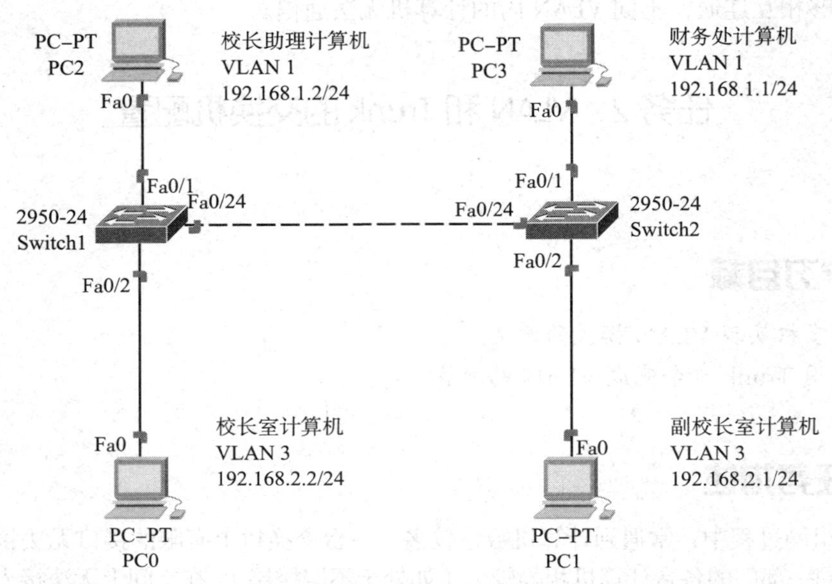

图 2—3　多机 VLAN 实验拓扑图

两台交换机分别进行配置，交换机 Switch1 按以下命令配置：

```
Switch1>enable
Switch1#configure terminal
Switch1(config)#vlan 3
Switch1(config-vlan)#exit          // 这里只配置 VLAN 3，则默认端口都处于 VLAN 1 下
Switch(config)#interface fastEthernet 0/2
Switch(config-if)#switchport access vlan 3
Switch(config-if)#end
```

Switch2 也采用相同命令配置。

配置完成后通过测试可以发现，Switch1 下的两台计算机与 Switch2 下的两台计算机之间无法正常通信。原因是两台交换机之间是通过 Fa0/24 号端口连接的，这个端口没有进行定义，不属于 VLAN 10 也不属于 VLAN 20，数据无法通过。

这种情况下，必须对 Fa0/24 端口进行定义，才能实现正常通信。而交换机的默认端口模式是 ACCESS 类型，这种类型的端口只能隶属于一个 VLAN 中，一般用来连接计算机。为连接交换机与交换机，实现单个或者多个 VLAN 的信息进行传输交换，则需将相应端口设置为 Trunk（中继）模式。

端口如果配置为 Trunk 模式，则允许多个 VLAN 的数据通过该端口，一般是交换机与交

换机互联的端口配置成 Trunk。

例如在上例中，设置端口 Fa0/24 为 Trunk 模式的命令如下：

```
Switch(config)#interface fastEthernet 0/24    //配置24号端口
Switch(config-if)#switchport mode trunk      //设置端口模式为 Trunk
```

对于 Trunk 模式的端口，还可设置其属性为允许所有 VLAN 的数据通过，还是只允许制定 VLAN 的数据通过，示例如下：

```
Switch(config-if)#switchport trunk allowed vlan all    //允许所有的VLAN通过
Switch(config-if)#switchport trunk allowed vlan 10     //只允许VLAN 10数据通过
```

任务实施

一、设备准备

路由器 Cisco 2950 两台，带有网卡的工作站 PC 四台，直连网线若干，控制台电缆一条。

二、实施过程

根据图 2—3，完整配置步骤如下：

1. 配置 IP 地址

按任务拓扑图的要求，配置交换机和 PC 的 IP 地址。

2. 在交换机 Switch1 上创建 VLAN

（1）配置 Switch1

```
Switch1>enable
Switch1#configure terminal
Enter configuration commands,one per line.  End with CNTL/Z.
Switch1(config)#vlan 3
Switch1(config-vlan)#exit
```

（2）在交换机 Switch1 上划分接口

```
Switch1(config)#interface fastEthernet 0/2
Switch1(config-if)#switchport access vlan 3
Switch1(config-if)#end
```

（3）在交换机 Switch1 上创建 Trunk 接口

```
Switch1(config)#int fa 0/24  //interface fastEthernet 0/24的缩写
Switch1(config-if)#switchport mode trunk
%LINEPROTO-5-UPDOWN:line protocol on interface fastEthernet0/8, changed state to down
%LINEPROTO-5-UPDOWN:line protocol on interface fastEthernet0/8, changed state to up
```

3. 在交换机 Switch0 上创建 VLAN

（1）配置 Switch0

```
Switch0>enable
Switch0#configure terminal
Enter configuration commands,one per line.  End with CNTL/Z.
Switch0(config)#vlan 3
Switch0(config-vlan)#exit
```

（2）在交换机 Switch0 上划分接口

```
Switch0(config)#interface fastEthernet 0/2
Switch0(config-if)#switchport access vlan 3
Switch0(config-if)#end
```

（3）在交换机 Switch0 上创建 Trunk 接口

```
Switch0(config)#int fa 0/24
Switch0(config-if)#switchport mode trunk
%LINEPROTO-5-UPDOWN:line protocol on interface fastEthernet0/8, changed state to down
%LINEPROTO-5-UPDOWN:line protocol on interface fastEthernet0/8, changed state to up
```

4. 在两台交换机上分别设置 Trunk 允许通过的 VLAN 数据包

```
Switch1(config)#int fa 0/24
Switch1(config-if)#switchport trunk allowed vlan all
Switch0(config)#int fa 0/24
Switch0(config-if)#switchport trunk allowed vlan all
```

5. 测试各计算机连通情况

完成以上配置后，使用 ping 命令，分别进行以下测试：

（1）从校长助理 PC 到财务处 PC 连通测试。

（2）从校长助理 PC 到校长室 PC 连通测试。

如设置无误，测试结果应为：从校长助理 PC 到财务处 PC 为“通”，这是因为两台 PC 处于同一个网段，同一个 VLAN；从校长助理 PC 到校长室 PC 为“不通”，这是因为两台 PC 处于不同网段，不同 VLAN。

6. 更改 VLAN 划分，再次测试

（1）把校长室 PC 对应的交换机端口划给 VLAN 1，测试校长助理 PC 能否连接上校长室 PC。

如设置无误，测试结果应为“不通”，这是因为两台 PC 虽然同属于一个 VLAN，但不属于同一个网段。

（2）把校长室 PC 对应的 IP 地址改为 192.168.1.3，VLAN 仍然划给 VLAN 3，测试校长助理 PC 能否连接上校长室 PC。

如设置无误，测试结果应为“不通”，这是因为两台 PC 虽然同属于一个网段，但是不属于同一个 VLAN。

通过上述的各种试验可以发现，连接在交换机的计算机能够正常通信的条件有两个：一

是同属于一个 VLAN，另一个是同属于一个网段。只有同时满足上述条件才可以通信。

需要说明的是，以上结论的前提是网络中未使用三层路由设备，相关内容将在后续项目任务中继续学习。

任务 3 利用 VTP 协议划分 VLAN

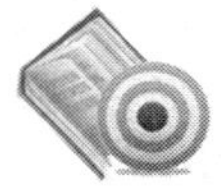

学习目标

1. 理解 VTP 的概念和使用环境。
2. 能使用 VTP 命令完成 VLAN 的配置。

任务描述

通常我们需要在整个园区网或者企业网中的一组交换机中保持 VLAN 数据库的同步，如 A 交换机划分了 VLAN 10、VLAN 20，相对应的 B 交换机、C 交换机也应该同步划分 VLAN 10、VLAN 20，以保证所有交换机都能从数据帧中读取相关的 VLAN 信息，进行正确的数据转发。对中型以上的交换网络来说，可能有上百台交换机，而一台交换机上都可能存在数十个 VLAN，如果仅凭网络工程师手工配置工作量是非常大的，并且也不利于日后维护，因为每一次添加、修改或删除 VLAN 都需要在所有的交换机上进行同步操作。在这种情况下，我们引入了 VTP（VLAN Trunking Protocol）。

本任务将按照图 2—4 所示拓扑结构，在原有的两台交换机（Switch1 和 Switch2）基础上，再增设一台作为 VTP Server 的交换机，实现通过配置 VTP 服务器，让 VLAN 同步划分。

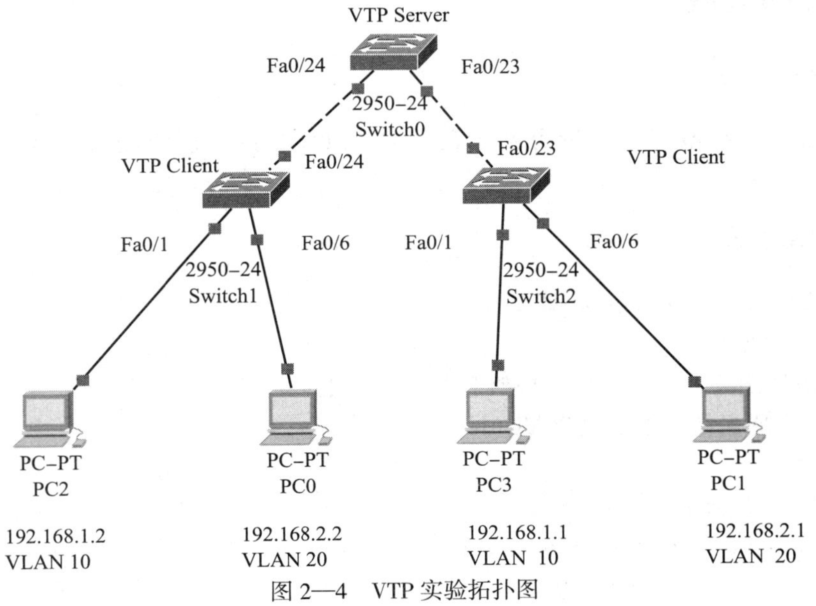

图 2—4 VTP 实验拓扑图

相关知识

一、VTP 及其特点

VTP 即 VLAN 中继协议，也被称为虚拟局域网干道协议，是思科的一个私有协议。其作用是在企业网中大量配置交换机的 VLAN 信息时，使多台交换机自动学习某一台已配置完成的交换机的 VLAN 信息，实现单点访问控制，批量同步配置。其中，已配置完成的交换机为 VTP Server，其余交换机则为 VTP Client。VTP 工作在 OSI 参考模型第二层。在交换机直连、同域（Domain）、同密（Password）、拥有中继（Trunk）端口的情况下，都可以用到 VTP 功能。VTP 消息类型为每 300 s 发送一次，当网络拓扑发生变化时也会发送。

VTP 有服务器（Server）、客户端（Client）、透明（Transparent）三种模式，Server 模式下可用于提供 VLAN 信息；Client 模式用于和 Server 同步 VLAN 信息；Transparent 模式下既不提供也不学习 VLAN 信息，可对其进行单独设置。交换机默认为 Server 模式，在域中至少有一台交换机处于此模式。本任务中重点使用 Server 和 Client 这两种模式。

二、VTP 命令

VTP 常用命令使用示例如下：

```
Switch(config)#vtp domain abc          //创建名称为 abc 的 VTP 域名
Switch(config)#vtp mode server         //定义该交换机为 VTP 服务端
Switch(config)#vtp password abc        //定义 VTP 服务器的密码为 abc
Switch(config)#vtp mode client         //定义该交换机为 VTP 客户端
```

任务实施

一、设备准备

路由器 Cisco 2950 三台，带有网卡的工作站 PC 四台，直连网线若干，控制台电缆一条。

二、实施过程

根据图 2—4，完整配置步骤如下：

1. 配置 IP 地址

按任务拓扑图的要求，配置交换机和 PC 的 IP 地址。

2. 为 VTP 服务端交换机创建 VLAN

```
Switch>en
Switch#configure terminal                              //进入控制台
Enter configuration commands,one per line.  End with CNTL/Z.
Switch(config)#vlan 10                                 //创建 VLAN 10
```

```
Switch(config-vlan)#exit
Switch(config)#vlan 20                                    //创建VLAN 20
Switch(config-vlan)#exit
```

3. 为 VTP 服务端交换机定义 Trunk 端口

```
Switch(config)#interface fa 0/23
Switch(config-if)#switchport mode trunk             //将23号端口定义为
Trunk端口
Switch(config-if)#
%LINEPROTO-5-UPDOWN:Line protocol on Interface FastEthernet0/23,
changed state to down
%LINEPROTO-5-UPDOWN:Line protocol on Interface FastEthernet0/23,
changed state to up
Switch(config-if)#switchport trunk allowed vlan all  //允许所有
VLAN信号通过
Switch(config-if)#exit
Switch(config)#interface fa 0/24
Switch(config-if)#switchport mode trunk                   //将24号端口
定义为Trunk端口
Switch(config-if)#
%LINEPROTO-5-UPDOWN:Line protocol on Interface FastEthernet0/24,
changed state to down
%LINEPROTO-5-UPDOWN:Line protocol on Interface FastEthernet0/24,
changed state to up
Switch(config-if)#switchport trunk allowed vlan all  //允许所有
VLAN信号通过
Switch(config-if)#exit
```

4. 定义 VTP 服务端

```
Switch(config)#vtp domain abc              //创建名为abc的VTP域名
Domain name already set to abc.
Switch(config)#vtp mode server            //定义本交换机为VTP服务端
Device mode already VTP SERVER.
Switch(config)#vtp password abc           //定义VTP域的口令是abc
Setting device VLAN database password to abc.
Switch(config)#exit
```

5. 定义 VTP 客户端 Switch1（左边）

```
Switch1>en
Switch1#configure terminal                          //进入控制台
Enter configuration commands,one per line.  End with CNTL/Z.
Switch1(config)#interface fa 0/24
```

```
Switch1(config-if)#switchport mode trunk    //将24号端口定义为Trukn端口
Switch1(config-if)#
%LINEPROTO-5-UPDOWN:Line protocol on Interface FastEthernet 0/24,changed state to down
%LINEPROTO-5-UPDOWN:Line protocol on Interface FastEthernet 0/24,changed state to up
Switch1(config-if)#switchport trunk allowed vlan all  //允许所有VLAN信号通过
Switch1(config-if)#exit
Switch1(config)#vtp domain abc         //创建和服务端同名abc的VTP域名
Domain name already set to abc.
Switch1(config)#vtp mode client        //定义本交换机为VTP客户端
Setting device to VTP CLIENT mode.
Switch1(config)#vtp password abc      //定义和服务端相同的VTP域口令
Setting device VLAN database password to abc.
```

6. 同样的命令配置 VTP 客户端 Switch2（右边）

7. 查看 VTP 服务端是否工作

上述操作完成后，在VTP Server端创建了VLAN 10和VLAN 20，按照VTP的工作原理，此时VTP客户端会接收到服务端发来的VLAN同步信息。在客户端上可以用show vlan命令查看验证。

```
Switch#show vlan
VLAN Name                 Status    Ports
---- ------------ ------- -----------
1    default              active    Fa0/1,Fa0/2,Fa0/3,Fa0/4
                                      Fa0/5,Fa0/6,Fa0/7,Fa0/8
                                      Fa0/9,Fa0/10,Fa0/11,Fa0/12
                                      Fa0/13,Fa0/14,Fa0/15,Fa0/16
                                      Fa0/17,Fa0/18,Fa0/19,Fa0/20
                                      Fa0/21,Fa0/22,Fa0/24
10   VLAN0010           active
20   VLAN0020           active
```

可见，两台客户端交换机上的VLAN信息已经被同步了，因为之前我们并没有在客户端交换机上进行VLAN的配置。这就是VTP的功能，只要更新服务器上的VLAN信息，客户端马上会进行同步更新，节约了许多重复配置的时间。

小提示

1. 在这个实验中要注意客户端和服务端交换机的Trunk设置，使VLAN信息能够顺利传递到客户端。

2. VTP 客户端和服务端的域名和口令必须完全一致，口令可以根据自己需要选择是否设置，但是域名是一定要设置的。

3. VTP 只能同步 VLAN 信息，而不能帮客户端划分端口归属哪个 VLAN。这个是初学者经常被混淆的一个地方。

项目三　路由器的基本操作

路由器（Router）又称网关设备（Gateway），是连接因特网中各局域网、广域网的设备。用于连接多个逻辑上分开的网络，当数据从一个子网传输到另一个子网时，可通过路由器的路由功能来完成。目前路由器已经广泛应用于各行各业，各种不同档次的产品已成为实现各种骨干网内部连接、骨干网间互联和骨干网与互联网互联互通业务的主力军。路由和交换之间的主要区别就是交换发生在 OSI 参考模型第二层（数据链路层），而路由发生在第三层（网络层）。这一区别决定了路由和交换在移动信息的过程中需使用不同的控制信息，所以两者实现各自功能的方式是不同的。

任务　路由器的基本操作

学习目标

1. 了解路由器基本功能。
2. 了解路由器和交换机的主要区别。
3. 能完成密码配置等路由器的基本操作。

任务描述

Cisco 路由器采用和交换机相同的 IOS 操作系统进行管理，因此其基本命令和配置方法与交换机基本相同。参照前面项目所学交换机操作的基本知识，本任务将完成以下路由器的基本操作内容：

1. 配置路由器主机名
2. 配置路由器的远程登录密码、特权模式密码和控制台密码
3. 为路由器接口分配 IP 地址
4. 配置串口 IP、接口描述及串口时钟
5. 完成配置密码的恢复操作
6. IOS 和配置文件的备份和恢复

相关知识

一、路由器的功能和组成

路由器能起到隔离广播域的作用，还能在不同网络间转发数据包。路由器实际上是一台

特殊用途的计算机，和常见的PC一样，路由器有CPU、内存和Boot ROM。路由器没有键盘、硬盘和显示器，然而比起计算机，路由器多了NVRAM、Flash及各种各样的接口。路由器各个部件的作用如下所述。

1. CPU

中央处理单元，和计算机一样，它是路由器的控制和运算部件。

2. RAM/DRAM

内存，用于存储临时的运算结果，例如，路由表、ARP表、快速交换缓存、缓冲数据包、数据队列，以及当前配置。RAM中数据在路由器断电后会丢失。

3. Flash

可擦除、可编程的ROM，用于存放路由器的IOS，Flash的可擦除特性允许我们更新、升级IOS，而不用更换路由器内部的芯片。路由器断电后，Flash的内容不会丢失。当Flash容量较大时，可以存放多个IOS版本。

4. NVRAM

非易失性RAM，用于存放路由器的配置文件，路由器断电后，NVRAM中的内容仍然保持。

5. ROM

只读存储器，存储了路由器的开机诊断程序、引导程序和特殊版本的IOS软件（用于诊断等用途），当ROM中软件升级时需要更换芯片。

6. 接口（Interface）

用于网络连接。

二、设置路由器的方式

路由器可以通过多种途径来进行管理配置，如图3—1所示，主要包括：

（1）路由器Console口直接连接终端或运行终端仿真软件的计算机进行管理。

（2）路由器AUX口接Modem，通过电话线与远方终端或运行终端仿真软件的计算机相连进行管理。

（3）通过Ethernet上的TFTP服务器进行管理。

（4）通过Ethernet上的Telnet程序进行管理。

（5）通过Ethernet上的SNMP网管工作站进行管理。

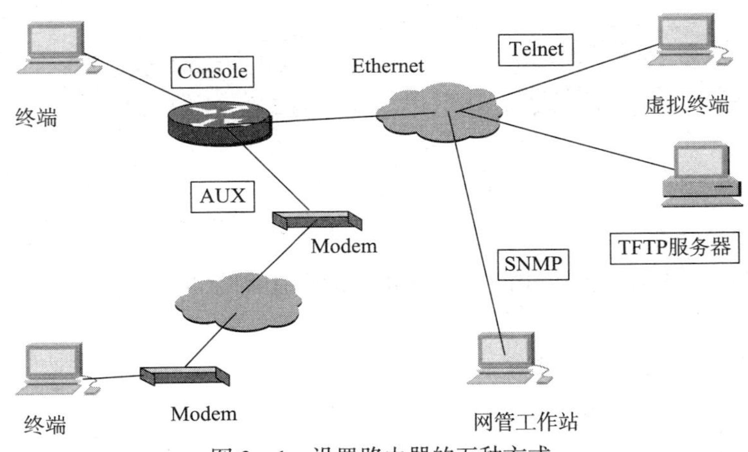

图3—1　设置路由器的五种方式

三、路由器的 IOS

与交换机一样，Cisco 路由器也采用了 IOS 操作系统，Cisco IOS 软件提供多种网络服务进而支持各种网络应用。

1. 路由器 IOS 的多种模式

与交换机类似，路由器的 IOS 中也有多种模式。

（1）用户模式（User Mode）

该模式下只能查看路由器的有关信息，不能更改，其命令行提示符为 Router>。

（2）特权模式（Privileged Mode）

该模式支持调试和测试命令，支持对路由器的详细检查，以及对配置文件的操作，可进入配置模式，其命令行提示符为 Router#。

（3）设置模式（Setup Mode）

该模式提供控制台上的交互式对话，帮助新用户创建第一次的基本配置。这是唯一一种不以命令行模式出现，而是以对话方式出现的模式。

（4）全局配置模式（Global Mode）

该模式提供了强大的单行命令，可以完成简单配置，也可以进入更为具体的配置模式，但该模式只能从特权模式进入，可配置全局变量，其命令行提示符为 Router（config）#。

（5）其他配置模式

提供更多详细的多行配置命令，该模式只能从全局模式进入，其命令行提示符为 Router（config–if）#。

各种模式之间的转换命令与交换机中的命令相同，如图 3—2 所示。

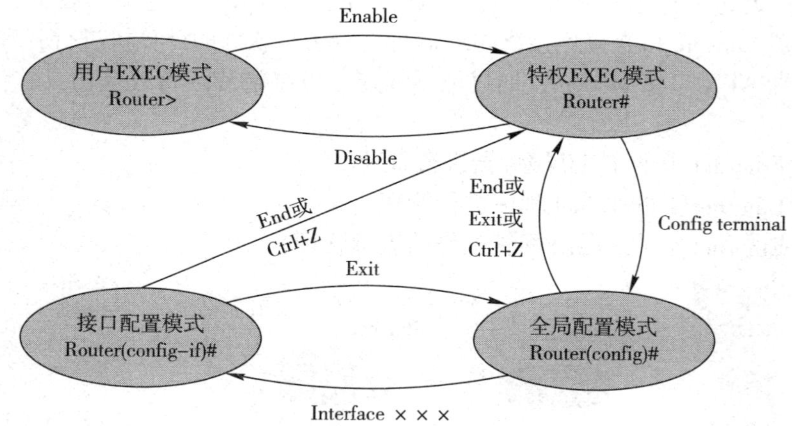

图 3—2　路由器模式转换

2. 路由器常用命令

路由器的操作系统与交换机相同，因此相关的操作命令也和前面所学交换机中的命令是相同的。

四、DTE 与 DCE

路由器负责通信的除了常见的 RJ–45 接口，还有特有的串口，路由器与路由器相连接如果是采用串口相连，就必须要设置 DTE 与 DCE 时钟速率，否则无法正常通信。

DTE（Data Terminal Equipment，数据终端设备）指具有一定的数据处理能力和数据收发能力的设备，DTE 提供或接收数据，例如，连接到调制解调器上的计算机就是一种 DTE。

DCE（Data Communications Equipment，数据通信设备）在 DTE 和传输线路之间提供信号变换和编码功能，并负责建立、保持和释放链路的连接，如 Modem。

它们之间的区别是 DCE 一方提供时钟，DTE 不提供时钟，但它依靠 DCE 提供的时钟工作，比如 PC 机和 Modem 之间。简单地说，在 DCE 端的路由器要设置速率，DTE 端不用设置。

五、密码的设置与重置

1. 路由器密码的设置

路由器的密码类型、功能和设置方法与项目一中所学交换机的相关操作相同。

2. 路由器密码的重置

路由器在启动过程中，需要从 NVRAM 中读取配置文件，因此密码重置的关键就是通过对寄存器数值的修改，使路由器在开机时不读取该文件，从而无法校核密码。具体重置方法是，把路由器断电重启，在其正式启动前按下 Ctrl+Break 组合键中断路由器的启动过程，进入 rommon 模式，使用命令修改寄存器数值。

所谓的 rommon 模式，实际上是一个相对独立于 IOS 的小系统，在这个模式下可对路由器进行一些基础性的操作，如修改寄存器数值、导入 IOS 系统等。

六、路由器 IOS 及配置文件的备份

路由器 IOS 及配置文件的备份方法也与交换机相同，但应注意的是，路由器和交换机的 IOS 是不通用的，实际上不同版本的 IOS 间功能与性能也相差很大，因此要备份或者恢复 IOS，务必要仔细校对该 IOS 的名字、版本、适用机型等信息。

任务实施

一、设备准备

配有 Serial 口模块的路由器 Cisco 2600 一台，带有网卡的工作站 PC 一台，控制台电缆 Console 线一条。

二、实施过程

根据图 3—3，完整配置步骤如下：

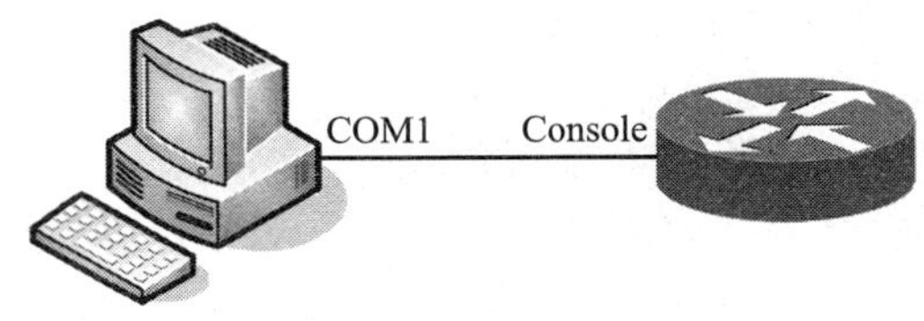

图 3—3　PC 与路由器连接图

1. 在 PC 端使用超级终端连接路由器

路由器的连接方法和交换机相同，参照项目一中交换机的连接进行操作即可。

2. 配置路由器主机名

```
Router>enable                          //从用户模式进入特权模式
Router#configure terminal              //从特权模式进入全局配置模式
Router(config)#hostname R1             //将主机名配置为"R1"
R1(config)#
```

3. 配置路由器远程登录密码

```
R1(config)#line vty 0 4              //进入路由器虚拟终端线路0到4
R1(config-line)#password star        //将路由器远程登录口令设置为"star"
R1(config-line)#login                //启用登录验证
```

4. 配置路由器特权模式密码

R1(config)#enable password star //将路由器特权模式口令配置为"star"

或：R1(config)#enable secret star //口令加密，优先级更高

5. 配置控制台密码

```
Router(config)#line console 0  //配置Console口
Router(config-line)#password 12345  //密码为12345
Router(config-line)#login           //启动登录功能
Router(config-line)#exit
```

6. 为路由器接口分配 IP 地址

```
R1(config-if)#interface fastethernet 0/1
R1(config-if)#ip address 172.16.1.1 255.255.255.0
```

#设置路由器 fastethernet 0/1 的 IP 地址为 172.16.1.1，对应的子网掩码为 255.255.255.0

```
R1(config-if)# no shutdown            //启用端口
```

7. 配置串口

配置串口 IP、接口描述及串口时钟的步骤如下：

R1(config-if)#end //退出上一步的配置模式

R1(config)#interface serial 1/0 //进入串口 1/0，可缩写为 int s 1/0

```
R1(config-if)#ip add 11.1.1.1 255.255.255.0  //设置IP地址、掩码
R1(config-if)#description s 1/0 is DCE      //描述S1/0为DCE
R1(config-if)#clock rate 64000              //设置接口时钟
R1(config-if)#no shutdown                   //打开接口
```

配置完成后，可使用 show 命令查看配置情况：

```
R1#show interface serial 1/0             //显示接口的详细信息
Serial1/0 is down,line protocol is down(disabled)
  Hardware is HD64570
```

```
  Description:s1/0 is DCE                //S1/0 已经为 DCE
  Internet address is 11.1.1.1/24       //IP 地址已经变更
  MTU 1500 bytes,BW 128 Kbit,DLY 20000 usec,rely 255/255,load 1/255
  Encapsulation HDLC,loopback not set,keepalive set(10 sec)
  Last input never,output never,output hang never
  Last clearing of "show interface" counters never
  Input queue:0/75/0(size/max/drops);Total output drops:0
  Queueing strategy:weighted fair
  Output queue:0/1000/64/0(size/max total/threshold/drops)
     Conversations 0/0/256(active/max active/max total)
     Reserved Conversations 0/0(allocated/max allocated)
5 minute input rate 0 bits/sec,0 packets/sec
5 minute output rate 0 bits/sec,0 packets/sec
     0 packets input,0 bytes,0 no buffer
     Received 0 broadcasts,0 runts,0 giants,0 throttles
     0 input errors,0 CRC,0 frame,0 overrun,0 ignored,0 abort
     0 packets output,0 bytes,0 underruns
     0 output errors,0 collisions,2 interface resets
     0 output buffer failures,0 output buffers swapped out
     0 carrier transitions
     DCD=down  DSR=down  DTR=down  RTS=down  CTS=down
```

确认无误后，保存配置文件。

```
R1#copy running-config startup-config       //或 R1#write memory
Destination filename [startup-config]?
Building configuration...
[OK]
```

小提示

路由器标识、密码、IP 地址、时钟等基本设置，通常是一台路由器使用之前需要做的事，但在设置这些参数时，要注意如下事项：

（1）配置接口地址的时候，一定注意要将接口地址的掩码配置正确，否则无法通信。

（2）查看接口状态，如果接口状态显示是 DOWN，通常是线缆故障，如果协议显示为 DOWN，通常是 DCE 端的时钟频率没有配置。

8. 配置密码的恢复

（1）把路由器断电重启，在其正式启动前按下 Ctrl+Break 组合键中断路由器的启动过程，进入 rommon 模式。

（2）输入命令改变配置寄存器的值为 0x2142（固定值），然后重启路由器，操作过程和界面显示如下。

```
rommon 1 > confreg 0x2142                //改变配置寄存器的值为 0x2142
rommon 2 > reset                         //重启
System Bootstrap,Version 12.3(8r)T8,RELEASE SOFTWARE(fc1)
Cisco 1841(revision 5.0)with 114688K/16384K bytes of memory.

Self decompressing the image:
#################################################################
[OK]
               Restricted Rights Legend
```

（3）重新进入全局模式重新设置特权模式的密码，然后再按上述方法，把寄存器的值更改回正常值 0x2102，并保存已经更改过的路由器配置，再重新启动。依次按照以上操作步骤，即可以正常通过密码登录到特权模式了。

9. IOS 和配置文件的备份和恢复

参照项目一任务 3 所学内容，进行路由器 IOS 和配置文件的备份恢复练习。

项目四　静 态 路 由

路由工作在OSI参考模型第三层，即网络层，它是根据数据包的目的地址进行定向并转发到另一个接口的过程。通俗地讲，如果把网络看成一个交通网，路由就相当于在每个路口给每个过往车辆、行人指路的引导牌，它会告诉车辆（数据包）需要到达的目的地下一个路口在哪里。

静态路由协议是一种最基本的路由协议，它由管理员手工指定，不会根据网络的变化而产生变化，在所有的路由协议中，静态路由协议的优先级最高，即所有数据在经过路由器时首先服从静态路由。

任务　静态路由配置

学习目标

1. 理解静态路由的基本概念和工作特点。
2. 掌握静态路由的优缺点。
3. 掌握静态路由的配置方法。

任务描述

本任务将通过以下实例，完成静态路由配置的练习：

某学院就业处有两处办公地点，两处地点的网络地址分别是192.168.1.0/24和192.168.10.0/24，通过路由器连接两处办公地点，要求通过配置路由器的静态路由，实现两个网络互通，如图4—1所示，各端口IP信息见表4—1。

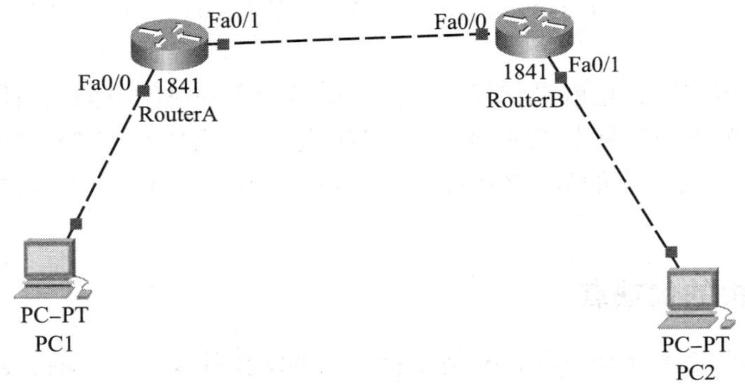

图4—1　实验拓扑图

表 4—1　　各端口 IP 信息

设备	接口	IP 地址	掩码	网关
PC1		192.168.1.2	255.255.255.0	192.168.1.1
PC2		192.168.10.10	255.255.255.0	192.168.10.1
RouterA	Fa0/0	192.168.1.1	255.255.255.0	
RouterA	Fa0/1	172.16.0.1	255.255.0.0	
RouterB	Fa0/0	172.16.0.2	255.255.0.0	
RouterB	Fa0/1	192.168.10.1	255.255.255.0	

相关知识

一、静态路由的工作特点

静态路由需要管理员根据实际需求逐条手动配置，路由器不能自动生成所需的静态路由。静态路由中包括目标节点或目标网络的 IP 地址，还可以包括下一跳 IP 地址（通常是下一个路由器与本地路由器连接的接口 IP 地址），以及在本路由器上使用该静态路由时的数据包出接口等。其主要特点可以概括为以下几个方面：

1. 路由路径相对固定

因为静态路由是手动配置、静态的，所以每个配置的静态路由在本地路由器上的路径基本上是不变的，除非管理员修改。另外，当网络的拓扑结构或链路的状态发生变化时，这些静态路由也不能自动修改，需要网络管理员去修改路由表中相关的静态路由信息。

2. 静态路由永久存在

因为静态路由是由管理员手工创建的，所以一旦创建完成，它会永久在路由表中，除非管理员手工删除，或者静态路由中指定的出接口关闭，或者下一跳 IP 地址不可达。

3. 不可通告性

静态路由信息在默认情况下是私有的，不会通告给其他路由器。当在一个路由器上配置了某条静态路由时，它不会被通告到网络中相连的其他路由器上。但网络管理员还是可以通过重新发布静态路由给其他动态路由，使得网络中其他路由器也可获此静态路由。

4. 单向性

静态路由具有单向性，也就是它仅为数据提供沿着下一跳的方向进行路由，不提供反向路由。如果要使源节点与目标节点或网络进行双向通信，就必须同时配置回程静态路由。初学者往往配置了到达某节点的静态路由，可还是 ping 不通，其中一个重要原因就是没有配置回程静态路由。

二、静态路由的优缺点

静态路由的缺点是不能动态反映网络拓扑，当网络拓扑发生改变时，路由表并不会自动更新，需要管理员改变路由表。但是静态路由的优势也显而易见，一方面，它占用路由器极少的 CPU 和 RAM 资源，工作过程中也不占用线路的带宽。另一方面，静态路由的安全性相对较高，如果出于安全的考虑想隐藏网络的某些部分或者管理员想控制数据转发路径，也可以使用静态路由。因此，在小而简单的网络中，使用静态路由更为简捷。

三、静态路由的配置命令

静态路由的配置有两种方法：带下一跳路由器的静态路由和带送出接口的静态路由。

格式：

[no] ip route ip-address { mask | mask-length } { interface-name | gateway-address } [preference preference-value][reject | blackhole]

参数说明：

ip-address 和 mask 为目的 IP 地址和掩码，点分十进制格式，由于要求掩码 32 位中‘1’必须是连续的，因此点分十进制格式的掩码可以用掩码长度 mask-length 来代替，掩码长度为掩码中连续‘1’的位数。

interface-name 指定该路由的发送接口名，gateway-address 为该路由的下一跳 IP 地址（点分十进制格式）。

preference-value 为该路由的优先级别，取值范围为 0 ~ 255。

reject 指明为不可达路由。

blackhole 指明为黑洞路由。

应用实例：

1. 下一跳路由器静态路由

Router（config）# ip route 192.168.10.0（目标网络）255.255.255.0（子网掩码）172.16.0.2（下一跳地址）

2. 送出接口的静态路由

Router（config）# ip route 192.168.10.0（目标网络）255.255.255.0（子网掩码）f 0/1（送出接口）

四、默认路由

默认路由是一种特殊的静态路由，指的是当路由表中与包的目的地址之间没有匹配的表项时路由器能够做出的选择。默认情况下在路由表中直连路由优先级最高，静态路由优先级其次，接下来为动态路由，默认路由最低。如果没有默认路由，那么目的地址在路由表中没有匹配表项的包将被丢弃。

默认路由在某些时候非常有效，当存在末梢网络（也叫末端网络或存根网络，一般指只有一个出口的网络）时，使用一条默认路由就可以完成路由器的配置，减轻管理员的工作负担，提高网络性能。

默认路由和静态路由的命令格式一样。只是把目的地 IP 和子网掩码改成 0.0.0.0 和 0.0.0.0。举例如下：

R1（config）#ip route 0.0.0.0 0.0.0.0 10.0.0.2（下一跳地址）

任务实施

一、设备准备

路由器 Cisco 2600 两台，带有网卡的工作站 PC 两台，直连网线若干，控制台电缆一条。

二、实施过程

根据拓扑图，具体配置步骤如下：

1. 配置计算机端口 IP、网关

注意计算机网关填写相连接的路由器的端口 IP 地址。

2. 路由器 A 配置

```
RouterA(config)#interface FastEthernet 0/0        //进入端口 Fa0/0
RouterA(config-if)#ip address 192.168.1.1 255.255.255.0   //配置IP 掩码
RouterA(config)#interface FastEthernet 0/1     //进入端口 Fa0/1
RouterA(config-if)#ip address 172.16.0.1 255.255.0.0
RouterA(config-if)#exit
RouterA(config)#ip route 192.168.10.0 255.255.255.0 172.16.0.2
```

//配置静态路由，下一跳地址是 RouterB 的 Fa0/1

3. 路由器 B 配置

```
RouterB(config)#interface FastEthernet 0/0
RouterB(config-if)#ip address 192.168.10.1 255.255.255.0
RouterA(config)#interface FastEthernet 0/1
RouterA(config-if)#ip address 172.16.0.2 255.255.0.0
RouterB(config-if)#exit
RouterB(config)#ip route 192.168.1.0 255.255.255.0 172.16.0.1
```

//配置静态路由，下一跳地址是 RouterA 的 Fa0/1

4. 验证配置

```
Router# show ip route          //查看路由状态
Codes:C-connected,S-static,I-IGRP,R-RIP,M-mobile,B-BGP
      D-EIGRP,EX-EIGRP external,O-OSPF,IA-OSPF inter area
      N1-OSPF NSSA external type 1,N2-OSPF NSSA external type 2
      E1-OSPF external type 1,E2-OSPF external type 2,E-EGP
      i-IS-IS,L1-IS-IS level-1,L2-IS-IS level-2,ia-IS-IS inter
      area
      *-candidate default,U-per-user static route,o-ODR
      P-periodic downloaded static route
```

```
Gateway of last resort is not set

C      172.16.0.0/16 is directly connected,FastEthernet0/1
C      192.168.1.0/24 is directly connected,FastEthernet0/0
S      192.168.10.0/24 [1/0] via 172.16.0.2  //显示为静态路由
#####################
RouterB#show ip route
Codes:C-connected,S-static,I-IGRP,R-RIP,M-mobile,B-BGP
      D-EIGRP,EX-EIGRP external,O-OSPF,IA-OSPF inter area
      N1-OSPF NSSA external type 1,N2-OSPF NSSA external type 2
      E1-OSPF external type 1,E2-OSPF external type 2,E-EGP
      i-IS-IS,L1-IS-IS level-1,L2-IS-IS level-2,ia-IS-IS inter
      area
      *-candidate default,U-per-user static route,o-ODR
      P-periodic downloaded static route

Gateway of last resort is not set

C      172.16.0.0/16 is directly connected,FastEthernet0/0
S      192.168.1.0/24 [1/0] via 172.16.0.1  //显示为静态路由
C      192.168.10.0/24 is directly connected,FastEthernet0/1
```

从显示的路由表中可以看到，S 192.168.10.0/24 [1/0] via 172.16.0.2 和 S 192.168.1.0/24 [1/0] via 172.16.0.1 就是刚才添加的静态路由。

在 PC1 上运行 ping 192.168.10.10 可以看到，网络已经互通，实验成功。

本实验因为两台路由都处于末梢网络，也可以用默认路由来实现，只需简单地修改静态路由命令即可。其他相同命令省略。

（1）路由器 A 配置

```
RouterA(config)#ip route 0.0.0.0 0.0.0.0 172.16.0.2
```

（2）路由器 B 配置

```
RouterB(config)#ip route 0.0.0.0 0.0.0.0 172.16.0.1
```

项目五　动态路由

动态路由，是相对于静态路由而言的。在网路环境中，静态路由是由管理员设定的路由表，它无法在网路发生改变时进行动态变化，一般用在小规模的网络上，具有高效、可靠、简单的特性。在各种路由协议中，静态路由具有最高优先级，当与动态路由发生冲突时，静态路由优先。

但是在具有较大规模的网络中（如跨国企业网络、ISP 网络），如果还是使用通过人工指定转发策略的静态路由，将会给网络管理员带来巨大的工作量，并且在管理、维护路由表上也变得十分困难。为了解决这个问题，动态路由协议应运而生。动态路由协议可以让路由器自动学习到其他路由器的网络，并且网络拓扑发生改变后自动更新路由表。网络管理员只需配置动态路由协议即可，相比人工指定转发策略，工作量大大减少。

常见的动态路由协议有 RIP、IGRP（Cisco 私有协议）、EIGRP（Cisco 私有协议）、OSPF、IS-IS、BGP 等，其中较常用的是 RIP 和 OSPF。

任务 1　RIP 配置

学习目标

1. 理解 RIP 的相关概念。
2. 理解 RIP 工作过程。
3. 掌握路由器 RIP 配置命令。

任务描述

本任务将通过以下实例，完成 RIP 配置的练习：

在学校里有多幢楼宇，为了方便管理，每个楼宇划分为一个网段。如教学楼为 192.168.10.0/24，行政楼为 192.168.20.0/24，实验楼为 192.168.30.0/24，寝室楼为 192.168.40.0/24。其拓扑结构如图 5—1 所示。为了达到各网段互通，使用路由器作为中间设备，通过合理的配置，达到互相通信的目的。

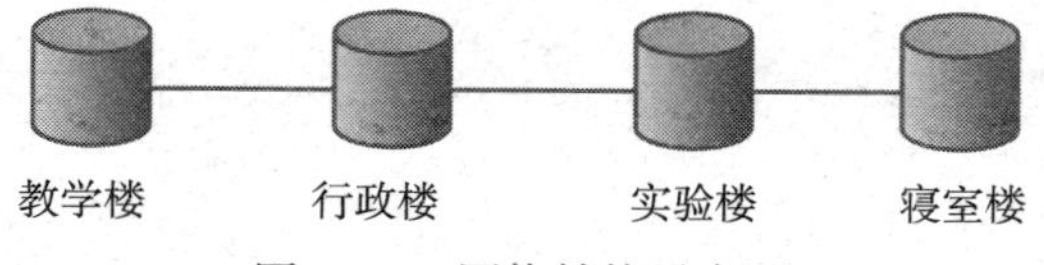

图 5—1　网络结构示意图

本任务模拟通过 3 台路由器，将 4 个不同网段的网络连接在一起，达到各网段互相通信。

实验拓扑图如图 5—2 所示。

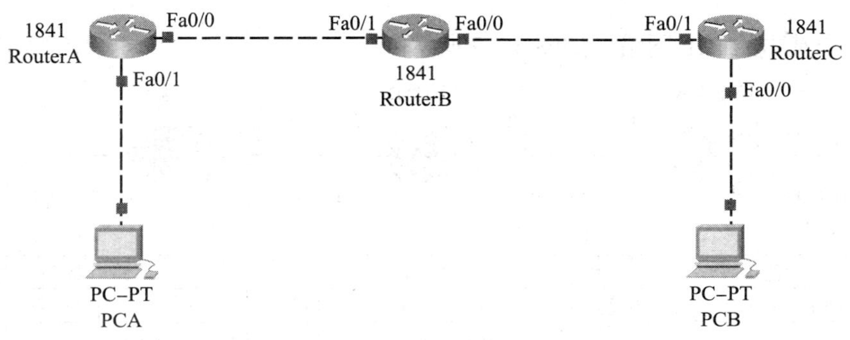

图 5—2　实验拓扑图

一、RIP 的相关概念

1. RIP 协议

RIP 是一种比较简单的动态路由协议，最大跳数为 15 跳，超过 15 跳的网络则认为目标网络不可达。此协议通常用在网络架构较为简单的小型网络环境中，现分为 RIPv1 和 RIPv2 两个版本，后者支持 VLSM 技术及一系列技术上的改进，其收敛速度较慢。RIP 是一种使用最广泛的内部网关协议（IGP），适用于小型局域网，是一种经典的距离矢量路由协议。

RIP 的配置简单，几条命令就可以完成配置，但对于优选路径来讲，RIP 做得并不准确，所以适合小规模的网络使用。

2. 静态路由表和动态路由表

由系统管理员事先设置好固定的路由表称之为静态（Static）路由表，一般是在系统安装时就根据网络的配置情况预先设定的，它不会随未来网络结构的改变而改变。

度量值是一个值（如路径长度），路由选择算法使用它来度量到目的地的路径。度量值又被称作“跳数”“跃点数”。通常，最小的跃点数是首选路由。如果多个路由存在于给定的目标网络中，则使用最小跃点数的路由。某些路由选择算法在存在多个路由的情况下，使用跃点数来选择一条路由路径，只将到目标网络的该单条路由信息存储在路由表中，而不会保存其他路径的路由信息。

静态路由不使用度量值对路由进行选择，视静态路由表中的路由信息为直连路由，静态路由在通常情况下优先于动态路由被使用。

动态（Dynamic）路由表是路由器根据网络系统的运行情况而自动调整的路由表。路由器根据路由选择协议（Routing Protocol）提供的功能，自动学习和记忆网络运行情况，在需要时自动计算数据传输的最佳路径。

路由器通常依靠所建立及维护的路由表来决定如何转发。路由表能力是指路由表内所容纳路由表项数量的极限。由于 Internet 上执行 BGP 协议的路由器通常拥有数十万条路由表项，所以该项目也是路由器能力的重要体现。

二、RIP 的工作过程

构造一个基本的 RIP 网络，如图 5—3 所示。

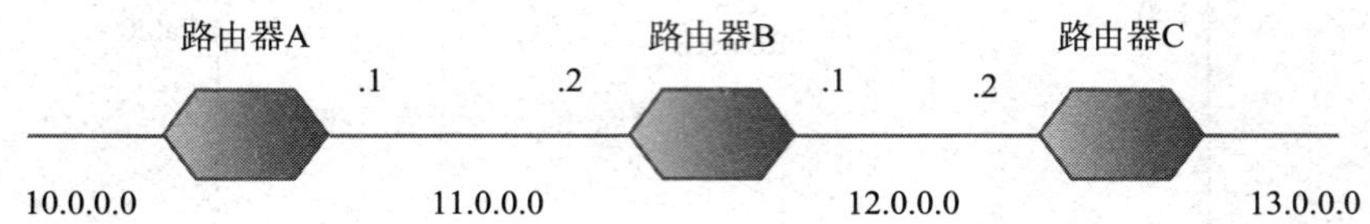

路由表			
	网络	下一跳	跳数
C	10.0.0.0		0
C	11.0.0.0		0

路由表			
	网络	下一跳	跳数
C	11.0.0.0		0
C	12.0.0.0		0

路由表			
	网络	下一跳	跳数
C	12.0.0.0		0
C	13.0.0.0		0

图 5—3　RIP 网络路由表示意图 1

当前路由表中所示为直连路由信息，当路由器 A 达到更新周期时，它将向外发布自己的路由信息。当路由器 B 收到路由器 A 发布的路由表后，它将根据自己路由表中已有的记录排查无用的记录，将有用的记录填写到自己的路由表中，并将跳数加 1。其结果如图 5—4 所示。

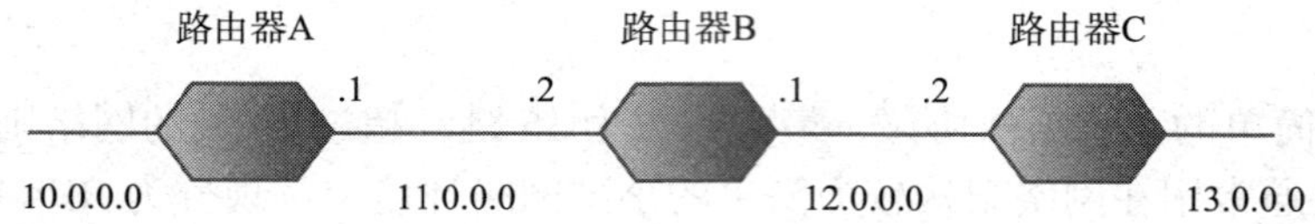

路由表			
	网络	下一跳	跳数
C	10.0.0.0		0
C	11.0.0.0		0

路由表			
	网络	下一跳	跳数
C	11.0.0.0		0
C	12.0.0.0		0
R	10.0.0.0	11.0.0.1	1

路由表			
	网络	下一跳	跳数
C	12.0.0.0		0
C	13.0.0.0		0

图 5—4　RIP 网络路由表示意图 2

随后，路由器 B 也发布了自己的路由表信息，与路由器 A 的发布过程相似，路由器 A 和路由器 C 收到路由表后，也更新了自己的路由表，其结果如图 5—5 所示。

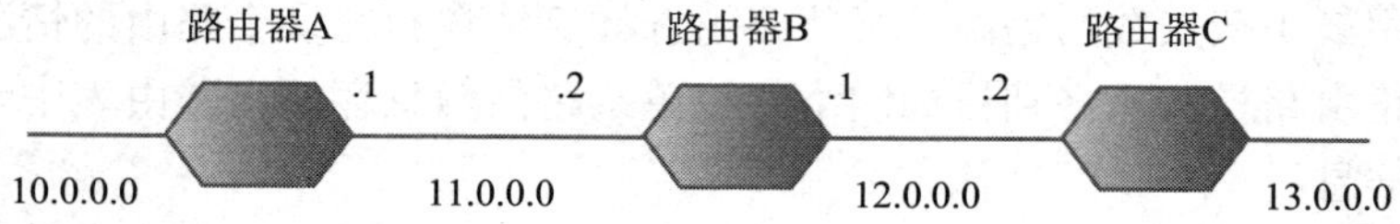

路由表			
	网络	下一跳	跳数
C	10.0.0.0		0
C	11.0.0.0		0
R	12.0.0.0	11.0.0.2	1

路由表			
	网络	下一跳	跳数
C	11.0.0.0		0
C	12.0.0.0		0
R	10.0.0.0	11.0.0.1	1

路由表			
	网络	下一跳	跳数
C	12.0.0.0		0
C	13.0.0.0		0
R	10.0.0.0	12.0.0.1	2
R	11.0.0.0	12.0.0.1	1

图 5—5　RIP 网络路由表示意图 3

接着路由器 C 也开始发布自己的路由表，路由器 B 收到路由表后，更新结果如图 5—6 所示。

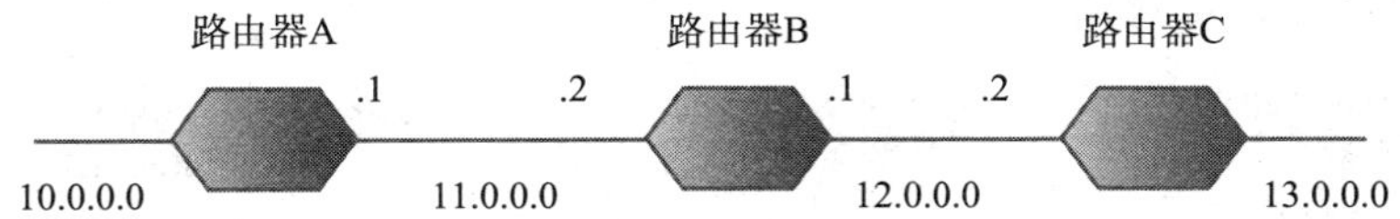

路由表			
	网络	下一跳	跳数
C	10.0.0.0		0
C	11.0.0.0		0
R	12.0.0.0	11.0.0.2	1

路由表			
	网络	下一跳	跳数
C	11.0.0.0		0
C	12.0.0.0		0
R	10.0.0.0	11.0.0.1	1
R	13.0.0.0	12.0.0.2	1

路由表			
	网络	下一跳	跳数
C	12.0.0.0		0
C	13.0.0.0		0
R	10.0.0.0	12.0.0.1	2
R	11.0.0.0	12.0.0.1	1

图 5—6　RIP 网络路由表示意图 4

路由器 B 更新自己的路由表后，在下一次的更新周期会再次发布自己的路由表，根据路由器 B 第二次发布的路由表，路由器 A 也更新了自己的路由表，如图 5—7 所示。

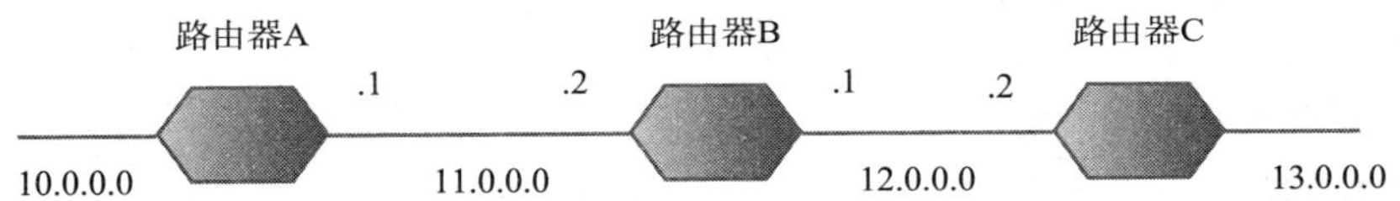

路由表			
	网络	下一跳	跳数
C	10.0.0.0		0
C	11.0.0.0		0
R	12.0.0.0	11.0.0.2	1
R	13.0.0.0	11.0.0.2	2

路由表			
	网络	下一跳	跳数
C	11.0.0.0		0
C	12.0.0.0		0
R	10.0.0.0	11.0.0.1	1
R	13.0.0.0	12.0.0.2	1

路由表			
	网络	下一跳	跳数
C	12.0.0.0		0
C	13.0.0.0		0
R	10.0.0.0	12.0.0.1	2
R	11.0.0.0	12.0.0.1	1

图 5—7　RIP 网络路由表示意图 5

至此，所有的路由器都已经学习到了正确的路由，也就是说，整个 RIP 网络已经收敛完成，如果网络拓扑没有改变，各个路由器每次发出的路由表信息都是一样的。

三、RIP 配置命令

```
Router(config)#router rip  //启用RIP
Router(config-router)#network x.x.x.x  //宣告网段
```

任务实施

一、设备准备

路由器 Cisco 2600 三台，带有网卡的工作站 PC 两台，直连网线若干，控制台电缆一条。

二、实施过程

根据图 5—8，具体配置步骤如下。

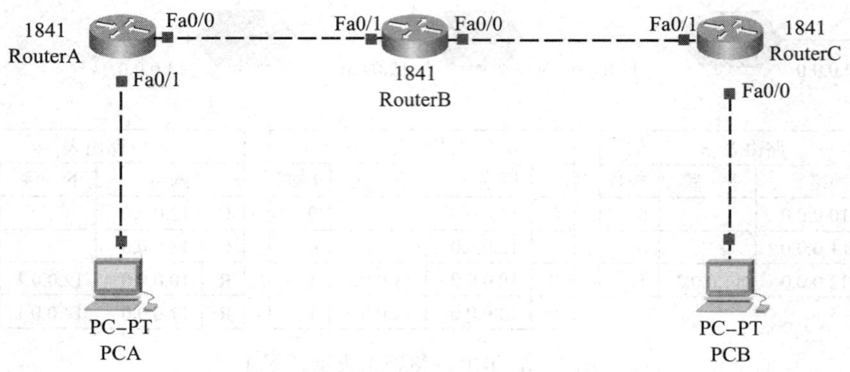

图 5—8　实验拓扑图

RouterA 端口信息：
Fa0/0 所在网络：11.0.0.0
Fa0/1 所在网络：10.0.0.0
RouterB 端口信息：
Fa0/0 所在网络：12.0.0.0
Fa0/1 所在网络：11.0.0.0
RouterC 端口信息：
Fa0/0 所在网络：13.0.0.0
Fa0/1 所在网络：12.0.0.0

1. 配置路由器端口地址与计算机 IP 地址

（略）

2. 启用 RIP

```
RouterA(config)#router rip //启用RIP
RouterA(config-router)#network 10.0.0.0 //宣告直连网段10.0.0.0
RouterA(config-router)#network 11.0.0.0 //宣告直连网段11.0.0.0
End
RouterB(config)#router rip
RouterB(config-router)#network 11.0.0.0
RouterB(config-router)#network 12.0.0.0
End
RouterC(config)#router rip
RouterC(config-router)#network 12.0.0.0
RouterC(config-router)#network 13.0.0.0
End
```

3. 验证配置

```
RouterA#show ip route// 显示路由表信息
Codes:C-connected,S-static,I-IGRP,R-RIP,M-mobile,B-BGP
      D-EIGRP,EX-EIGRP external,O-OSPF,IA-OSPF inter area
      N1-OSPF NSSA external type 1,N2-OSPF NSSA external type 2
      E1-OSPF external type 1,E2-OSPF external type 2,E-EGP
      i-IS-IS,L1-IS-IS level-1,L2-IS-IS level-2,ia-IS-IS inter
      area
      *-candidate default,U-per-user static route,o-ODR
      P-periodic downloaded static route

Gateway of last resort is not set

C  10.0.0.0/8 is directly connected,FastEthernet0/1  // 直连路由
C  11.0.0.0/8 is directly connected,FastEthernet0/0  // 直连路由
R  12.0.0.0/8 [120/1] via 11.1.0.2,00:00:21,FastEthernet0/0
//RIP 路由
R  13.0.0.0/8 [120/2] via 11.1.0.2,00:00:21,FastEthernet0/0
//RIP 路由

RouterB#show ip route
Codes:C-connected,S-static,I-IGRP,R-RIP,M-mobile,B-BGP
      D-EIGRP,EX-EIGRP external,O-OSPF,IA-OSPF inter area
      N1-OSPF NSSA external type 1,N2-OSPF NSSA external type 2
      E1-OSPF external type 1,E2-OSPF external type 2,E-EGP
      i-IS-IS,L1-IS-IS level-1,L2-IS-IS level-2,ia-IS-IS inter
      area
      *-candidate default,U-per-user static route,o-ODR
      P-periodic downloaded static route

Gateway of last resort is not set

R      10.0.0.0/8 [120/1] via 11.1.0.1,00:00:01,FastEthernet0/1
C      11.0.0.0/8 is directly connected,FastEthernet0/1
C      12.0.0.0/8 is directly connected,FastEthernet0/0
R      13.0.0.0/8 [120/1] via 12.2.0.2,00:00:13,FastEthernet0/0


RouterC#show ip route
```

```
Codes:C-connected,S-static,I-IGRP,R-RIP,M-mobile,B-BGP
      D-EIGRP,EX-EIGRP external,O-OSPF,IA-OSPF inter area
      N1-OSPF NSSA external type 1,N2-OSPF NSSA external type 2
      E1-OSPF external type 1,E2-OSPF external type 2,E-EGP
      i-IS-IS,L1-IS-IS level-1,L2-IS-IS level-2,ia-IS-IS inter
      area
      *-candidate default,U-per-user static route,o-ODR
      P-periodic downloaded static route

Gateway of last resort is not set

R      10.0.0.0/8 [120/2] via 12.2.0.1,00:00:18,FastEthernet0/1
R      11.0.0.0/8 [120/1] via 12.2.0.1,00:00:18,FastEthernet0/1
C      12.0.0.0/8 is directly connected,FastEthernet0/1
C      13.0.0.0/8 is directly connected,FastEthernet0/0
```

4. 通过 ping 命令测试连通状态

先在 PC A 上测试连接 PC B:

```
PC>ping 13.0.0.2

Pinging 13.0.0.2 with 32 bytes of data:

Reply from 13.0.0.2:bytes=32 time=18ms TTL=125
Reply from 13.0.0.2:bytes=32 time=19ms TTL=125
Reply from 13.0.0.2:bytes=32 time=16ms TTL=125
Reply from 13.0.0.2:bytes=32 time=14ms TTL=125

Ping statistics for 13.0.0.2:
     Packets:Sent=4,Received=4,Lost=0(0% loss),
Approximate round trip times in milli-seconds:
     Minimum=14ms,Maximum=19ms,Average=16ms
```

经测试网络通畅，设备配置成功。

任务 2　RIPv2 配置

学习目标

1. 理解 RIPv1 与 RIPv2 的区别。

2. 掌握 RIPv2 配置命令。

任务描述

RIP 的局限性之一就是其报文不包含子网掩码，也就是说，RIPv1 只能应用在自然掩码的网络环境中，本任务将通过以下实例来对比 RIPv1 与 RIPv2 的区别。

本任务网络拓扑结构（图 5—9）与任务 1 相似，其端口 IP 分配见表 5—1。

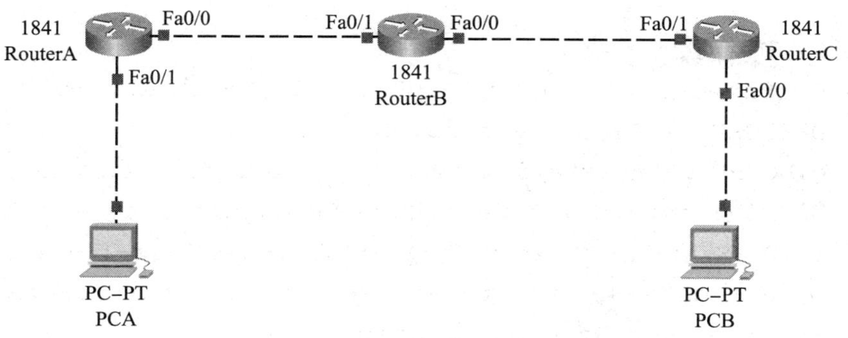

图 5—9　实验拓扑图

表 5—1　端口 IP 分配

设备	端口	IP 地址	掩码	网关
RouterA	Fa0/1	10.51.3.1	255.255.255.0	—
RouterA	Fa0/0	192.168.0.1	255.255.255.0	—
RouterB	Fa0/1	192.168.0.2	255.255.255.0	—
RouterB	Fa0/0	172.17.0.1	255.255.255.0	—
RouterC	Fa0/1	172.17.0.2	255.255.255.0	—
RouterC	Fa0/0	192.168.1.1	255.255.255.0	—
PCA		10.51.3.2	255.255.255.0	10.51.3.1
PCB		192.168.1.2	255.255.255.0	192.168.1.1

在三个路由器里分别执行 RIP 命令，查看各个路由器的路由表：

```
RouterA#show ip route
Codes:C-connected,S-static,I-IGRP,R-RIP,M-mobile,B-BGP
      D-EIGRP,EX-EIGRP external,O-OSPF,IA-OSPF inter area
      N1-OSPF NSSA external type 1,N2-OSPF NSSA external type 2
      E1-OSPF external type 1,E2-OSPF external type 2,E-EGP
      i-IS-IS,L1-IS-IS level-1,L2-IS-IS level-2,ia-IS-IS inter
      area
      *-candidate default,U-per-user static route,o-ODR
      P-periodic downloaded static route
```

```
Gateway of last resort is not set

     10.0.0.0/24 is subnetted,1 subnets
C       10.51.3.0 is directly connected,FastEthernet0/1
R    172.17.0.0/16[120/1]via 192.168.0.2,00:00:13,FastEthernet0/0
C    192.168.0.0/24 is directly connected,FastEthernet0/0
R    192.168.1.0/24 [120/2] via 192.168.0.2,00:00:13,FastEthernet0/0

RouterB#show ip route
Codes:C-connected,S-static,I-IGRP,R-RIP,M-mobile,B-BGP
      D-EIGRP,EX-EIGRP external,O-OSPF,IA-OSPF inter area
      N1-OSPF NSSA external type 1,N2-OSPF NSSA external type 2
      E1-OSPF external type 1,E2-OSPF external type 2,E-EGP
      i-IS-IS,L1-IS-IS level-1,L2-IS-IS level-2,ia-IS-IS inter area
      *-candidate default,U-per-user static route,o-ODR
      P-periodic downloaded static route

Gateway of last resort is not set

R    10.0.0.0/8[120/1]via 192.168.0.1,00:00:10,FastEthernet0/1
    172.17.0.0/24 is subnetted,1 subnets
C       172.17.0.0 is directly connected,FastEthernet0/0
C       192.168.0.0/24 is directly connected,FastEthernet0/1
R       192.168.1.0/24 [120/1] via 172.17.0.2,00:00:21,FastEthernet0/0

RouterC#show ip route
Codes:C-connected,S-static,I-IGRP,R-RIP,M-mobile,B-BGP
      D-EIGRP,EX-EIGRP external,O-OSPF,IA-OSPF inter area
      N1-OSPF NSSA external type 1,N2-OSPF NSSA external type 2
      E1-OSPF external type 1,E2-OSPF external type 2,E-EGP
      i-IS-IS,L1-IS-IS level-1,L2-IS-IS level-2,ia-IS-IS inter area
      *-candidate default,U-per-user static route,o-ODR
      P-periodic downloaded static route

Gateway of last resort is not set

R    10.0.0.0/8[120/1]via 192.168.0.1,00:00:10,FastEthernet0/1
    172.17.0.0/24 is subnetted,1 subnets
C       172.17.0.0 is directly connected,FastEthernet0/0
```

```
C    192.168.0.0/24 is directly connected,FastEthernet0/1
R    192.168.1.0/24 [120/1] via 172.17.0.2,00:00:21,FastEthernet
     0/0
```

从各个路由学习到的路由信息中可以看得出来，RIP 没有把子网掩码传递过去，所以，路由器不能正确地将路由信息学习到。接下来，我们启用 RIPv2。RIPv2 配置命令包括：

```
Router(config-router)#version 2
Router(config-router)#no auto-summary
```

任务实施

一、设备准备

路由器 Cisco 2600 三台，带有网卡的工作站 PC 两台，直连网线若干，控制台电缆一条。

二、实施过程

根据表 5—1，具体配置步骤如下：

1. 配置路由器端口地址与计算机 IP 地址

略。

2. 启用 RIPv2

```
RouterA(config)#router rip
RouterA(config-router)#network 10.51.3.0
RouterA(config-router)#network 192.168.0.0
RouterA(config-router)#version 2 //启用 RIPv2
RouterA(config-router)#no auto-summary //关闭自动汇总（传输可变子网掩码）
End
RouterB(config)#router rip
RouterB(config-router)#network 192.168.0.0
RouterB(config-router)#network 172.17.0.0
RouterB(config-router)#version 2
RouterB(config-router)#no auto-summary


End
RouterC(config)#router rip
RouterC(config-router)#network 172.17.0.0
RouterC(config-router)#network 192.168.1.0
RouterC(config-router)#version 2
RouterC(config-router)#no auto-summary
End
```

验证配置与任务 1 类似。

任务 3　OSPF 配置

学习目标

1. 理解 OSPF 的相关概念。
2. 理解 OSPF 工作过程。
3. 掌握路由器 OSPF 配置命令。

任务描述

本任务将通过以下实例，完成 OSPF 配置的练习。

网络拓扑与接口 IP 如图 5—10 和表 5—2 所示，要求通过 OSPF 路由协议，使 PCA 与 PCB 相互通信。

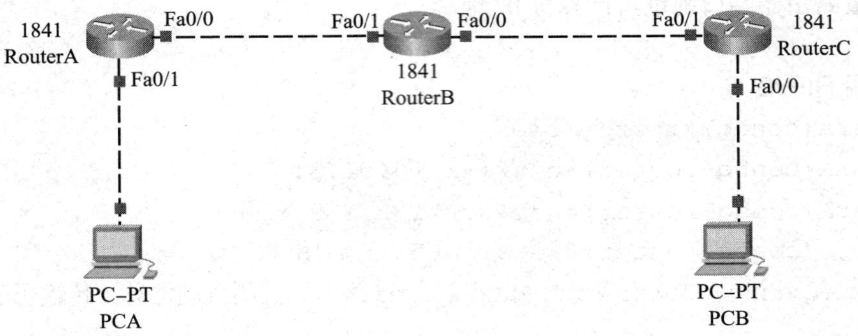

图 5—10　网络拓扑

表 5—2　　　　　　　　　　　　　IP 地址分配

设备	接口	IP 地址	掩码	网关
RouterA	Fa0/1	10.51.3.1	255.255.255.0	—
RouterA	Fa0/0	192.168.0.1	255.255.255.0	—
RouterB	Fa0/1	192.168.0.2	255.255.255.0	—
RouterB	Fa0/0	172.17.0.1	255.255.255.0	—
RouterC	Fa0/1	172.17.0.2	255.255.255.0	—
RouterC	Fa0/0	192.168.1.1	255.255.255.0	—
PCA		10.51.3.2	255.255.255.0	10.51.3.1
PCB		192.168.1.2	255.255.255.0	192.168.1.1

相关知识

一、OSPF 的相关概念

1. OSPF 协议

OSPF 是“开放式最短路径优先（Open Shortest Path First）”的缩写，属于链路状态路由协议。OSPF 提出了“区域（Area）”的概念，每个区域中所有路由器维护着一个相同的链路状态数据库（LSDB）。区域又分为骨干区域（骨干区域的编号必须为 0）和非骨干区域（非 0 编号区域），如果一个运行 OSPF 的网络只存在单一区域，则该区域可以是骨干区域也可以是非骨干区域。如果该网络存在多个区域，那么必须存在骨干区域，并且所有非骨干区域必须和骨干区域直接相连。OSPF 利用所维护的链路状态数据库，通过最短路径优先算法（SPF 算法）计算得到路由表。OSPF 的收敛速度较快。由于其特有的开放性及良好的扩展性，目前 OSPF 协议在各种网络中广泛部署。

2. SPF 算法

SPF 算法是 OSPF 路由协议的基础，其基本思想为：每一个路由器作为根节点（Root），根节点计算其到每一个目的地路由器的距离，这样就形成了以自身为根的一棵树，其树枝就是最短路径。所以，这棵树也被称为最短路径树，最短路径是树干长度，也就是 OSPF 路由器到每一个目的地路由器的距离，我们称之为 Cost。

与 RIP 路由协议不同，OSPF 使用的是链路状态算法。所谓的链路，就是路由器对端口的描述，状态则是对接口与相邻路由之间的关系描述。链路状态算法并不复杂，其过程可以归纳为四个阶段。

初始化阶段：产生链路状态广播数据包 LSA，该数据包包含路由器上所有相连链路的状态信息。

泛洪阶段（Flooding）：路由器将 LSA 数据包传送给所有与其相邻的 OSPF 路由器，相邻路由器根据 LSA 更新自己的数据库，并再传送给其相邻路由器。

收敛阶段：所有路由器根据各自的链路状态信息数据库计算出各自的路由表。该表中包括路由器到每一个可达目的地的 Cost 及下一跳。

稳定阶段：每个路由器都完成收敛后，整个 OSPF 网络将处于一个稳定阶段，网络内传递链路状态的数据是很少的，整个网络保持相对的安静。

3. DR/BDR 及其选举

在没有 DR/BDR 情况下，每一台路由器与它的邻居形成网状关系，如果是 5 个路由器的话，将会形成 10 个相邻关系，产生 25 条 LSA，由此带来的开销是巨大的。

于是提出了 DR 的概念，由 DR 负责泛洪，减小网络的整体开销，同时为了冗余，还会选取一个 BDR 作为备份。

DR/BDR 的选举规则如下：

比较 hello 包中的优先级，优先级最高的为 DR，次高的为 BDR，不做修改默认端口上的优先级都为 1，如果各个路由器优先级相同，则比较 Router ID（RID），RID 最高者为 DR，次高者为 BDR，当把相应端口优先级设为 0 时，OSPF 路由器将不能再成为 DR/BDR，只能为 DRother。

二、OSPF 的优势

与 RIP 路由协议相比，OSPF 有其明显的优越性，具体有以下几点：支持更大规模网络、支持可变子网掩码、收敛速度快、可将网络划分区域以减小路由表、不产生路由自环。

三、OSPF 配置命令

```
RouteRouter(config)#router osfp process-id
RouteRouter(config-router)#network x.x.x.x（网络地址）
```

任务实施

一、设备准备

路由器 Cisco 2600 三台，带有网卡的工作站 PC 两台，直连网线若干，控制台电缆一条。

二、实施过程

根据表 5—2，具体配置步骤如下：

1. 配置计算机 IP 地址

（略）

2. 配置路由器

```
RouterA(config)#interface fastethernet 0/0
RouterA(config-if)#ip address 192.168.0.1 255.255.255.0
RouterA(config)#interface fastethernet 0/1
RouterA(config-if)#ip address 10.51.3.1 255.255.255.0
RouterA(config)#router ospf 1 //启用OSPF，且进程为1
RouterA(config-router)#network 10.51.3.0 0.0.0.255 area 0 //宣告网段，指定区域为0
RouterA(config-router)#network 192.168.0.0 0.0.0.255 area 0

RouterB(config)#interface fastethernet 0/0
RouterB(config-if)#ip address 172.17.0.1 255.255.255.0
RouterB(config)#interface fastethernet 0/1
RouterB(config-if)#ip address 192.168.0.2 255.255.255.0
RouterB(config)#router ospf 1
RouterB(config-router)#network 192.168.0.0 0.0.0.255 area 0
RouterB(config-router)#network 172.17.0.0 0.0.0.255 area 0

RouterC(config)#interface fastethernet 0/0
```

```
RouterC(config-if)#ip address 192.168.1.1 255.255.255.0
RouterC(config)#interface fastethernet 0/1
RouterC(config-if)#ip address 172.17.0.2 255.255.255.0
RouterC(config)#router ospf 1
RouterC(config-router)#network 172.17.0.0 0.0.0.255 area 0
RouterC(config-router)#network 192.168.1.0 0.0.0.255 area 0
```

3. 验证

在三个路由器里分别执行 show ip route 命令，查看各个路由器的路由表：

```
RouterA#show ip route
Codes:C-connected,S-static,I-IGRP,R-RIP,M-mobile,B-BGP
      D-EIGRP,EX-EIGRP external,O-OSPF,IA-OSPF inter area
      N1-OSPF NSSA external type 1,N2-OSPF NSSA external type 2
      E1-OSPF external type 1,E2-OSPF external type 2,E-EGP
      i-IS-IS,L1-IS-IS level-1,L2-IS-IS level-2,ia-IS-IS inter
      area
      *-candidate default,U-per-user static route,o-ODR
      P-periodic downloaded static route
Gateway of last resort is not set
     1.0.0.0/32 is subnetted,1 subnets
C       1.1.1.1 is directly connected,Loopback0
     10.0.0.0/24 is subnetted,1 subnets
C       10.51.3.0 is directly connected,FastEthernet0/1
     172.17.0.0/24 is subnetted,1 subnets
O       172.17.0.0 [110/2] via 192.168.0.2,00:08:05,FastEtherne
        t0/0   //OSPF网络
C    192.168.0.0/24 is directly connected,FastEthernet0/0
O    192.168.1.0/24 [110/3] via 192.168.0.2,00:07:03,FastEthern
     et0/0   //OSPF网络
```

C 代表直连路由，O 代表 OSPF 路由，从以上路由表上可以看出路由器 A 上 OSPF 路由已经启用。

```
RouterB#show ip route
Codes:C-connected,S-static,I-IGRP,R-RIP,M-mobile,B-BGP
      D-EIGRP,EX-EIGRP external,O-OSPF,IA-OSPF inter area
      N1-OSPF NSSA external type 1,N2-OSPF NSSA external type 2
      E1-OSPF external type 1,E2-OSPF external type 2,E-EGP
      i-IS-IS,L1-IS-IS level-1,L2-IS-IS level-2,ia-IS-IS inter
      area
      *-candidate default,U-per-user static route,o-ODR
      P-periodic downloaded static route
```

```
Gateway of last resort is not set

     10.0.0.0/24 is subnetted,1 subnets
O       10.51.3.0 [110/2] via 192.168.0.1,00:11:00,FastEthernet
        0/1//OSPF网络
     172.17.0.0/24 is subnetted,1 subnets
C       172.17.0.0 is directly connected,FastEthernet0/0
C       192.168.0.0/24 is directly connected,FastEthernet0/1
O       192.168.1.0/24 [110/2] via 172.17.0.2,00:10:07,FastEthe
        rnet0/0 //OSPF网络
```

同理，路由器B的OSPF路由启用。

```
RouterC#show ip route
Codes:C-connected,S-static,I-IGRP,R-RIP,M-mobile,B-BGP
      D-EIGRP,EX-EIGRP external,O-OSPF,IA-OSPF inter area
      N1-OSPF NSSA external type 1,N2-OSPF NSSA external type 2
      E1-OSPF external type 1,E2-OSPF external type 2,E-EGP
      i-IS-IS,L1-IS-IS level-1,L2-IS-IS level-2,ia-IS-IS inter
      area
      *-candidate default,U-per-user static route,o-ODR
      P-periodic downloaded static route

Gateway of last resort is not set

     10.0.0.0/24 is subnetted,1 subnets
O       10.51.3.0 [110/3] via 172.17.0.1,00:10:34,FastEthernet0
        /1 //OSPF网络
     172.17.0.0/24 is subnetted,1 subnets
C       172.17.0.0 is directly connected,FastEthernet0/1
O    192.168.0.0/24 [110/2] via 172.17.0.1,00:10:34,FastEtherne
     t0/1 //OSPF网络
C    192.168.1.0/24 is directly connected,FastEthernet0/0
```

4. 通过ping命令测试连通状态

在PCA上ping PCB(192.168.1.2)。

PC>ping 192.168.1.2（结果通，表示实验成功）

项目六 网络安全——访问控制列表

随着学校规模的扩大，学校的网络越来越复杂，网络数据也呈现出多样化，作为网络管理员必须能够拒绝不良的访问，同时又要允许正常的访问。路由器的访问控制列表就是网络安全保障的第一道关卡，决定什么样的数据包能够通过，什么样的数据包不应该通过。

任务1 标准ACL的配置

学习目标

1. 理解ACL的工作原理。
2. 能够根据管理需求配置路由器标准访问控制列表。

任务描述

对于许多网管员来说，配置路由器的访问控制列表是一件经常性的工作。本任务就将通过以下实例，完成标准ACL的配置练习：

某学校的校办、教务处和人事处分属三个不同的网段，三个部门之间用网络进行信息传递，为了保证信息安全，学校要求教务处不能对人事处进行访问，但是校办可以访问人事处，实验拓扑图如图6—1所示。

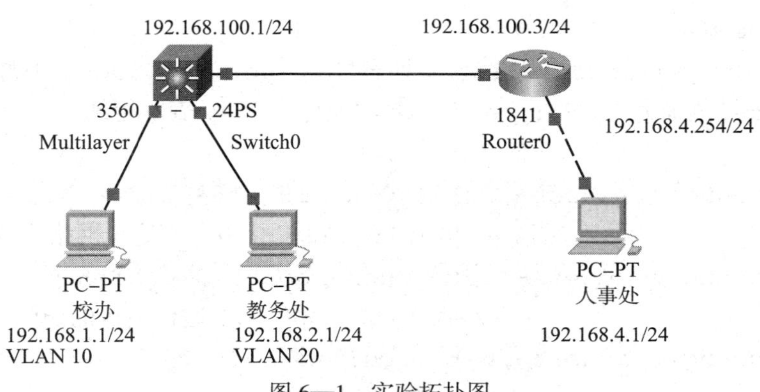

图6—1 实验拓扑图

相关知识

一、ACL 概述

ACL 全称是 Access Control List，即访问控制列表。ACL 由 permit 或 deny 语句组成的一系统有顺序的规则组成，这些规则根据数据包的源地址、目标地址、端口号等来描述。ACL 通过这些规则对数据包进行分类，并将规则应用到路由器的某个接口上，这样路由器就可以根据这些规则来判断哪些数据包可以接收，哪些数据包需要拒绝，从而实现网络的安全性。ACL 主要目的就是允许、拒绝数据包通过路由器，允许或拒绝 Telnet 会话的建立。

二、ACL 的分类

目前有两种主要的 ACL 标准，ACL 和扩展 ACL。其他的标准还有 MAC ACL、时间控制 ACL、以太协议 ACL 、IPv6 ACL 等。

标准的 ACL 使用 1 ~ 99 和 1 300 ~ 1 999 之间的数字作为表号，扩展的 ACL 使用 100 ~ 199 和 2 000 ~ 2 699 之间的数字作为表号。标准 ACL 可以阻止来自某一网络的所有通信流量，或者允许来自某一特定网络的所有通信流量，或者拒绝某一协议簇（比如 IP）的所有通信流量。

扩展 ACL 比标准 ACL 提供了更广泛的控制范围。例如，网络管理员如果希望做到“允许外来的 Web 通信流量通过，拒绝外来的 FTP 和 Telnet 等通信流量”，那么，可以使用扩展 ACL 来达到目的，标准 ACL 不能控制这么精确。

三、标准访问控制列表

标准访问控制列表只检查数据包的源地址，从而允许或拒绝基于网络、子网或主机的 IP 地址的所有通信流量通过路由器的出口。

标准访问控制列表要尽量靠近目的端，相反地，拓展访问控制列表要尽量靠近源端。

四、标准 ACL 配置命令

1. 定义标准 ACL

Router(config)# access-list ＜列表号＞ {permit | deny } 源地址 反掩码

其中：列表号范围为 1 ~ 99；permit 表示允许；deny 表示拒绝。

例如：

```
Router(config)# access-list 2 deny 192.168.2.0 0.0.0.255
                    // 拒绝 192.168.2.0/24 这个网络中的所有主机
Router(config)# access-list 2 deny host 192.168.3.1
                    // 拒绝 192.168.3.1 这台主机的访问
Router(config)# access-list 2 permit all
                    // 允许所有数据通过
```

2. 应用 ACL 到接口

Router(config-if)#access-group ＜列表号＞ {in | out }

其中，“in”表示流入端口，“out”表示流出端口。

任务实施

一、设备准备

交换机 Cisco 3560 一台，路由器一台，带有网卡的工作站 PC 三台，直通双绞线若干条，Console 线一条。

二、实施过程

根据拓扑图 6—1，配置过程如下：

1. 按实验拓扑图和表 6—1 正确连接设备，配置 IP 地址

表 6—1　　按实验拓扑图和表配置 IP 地址

网络设备	接口	用途	备注
交换机	Fa0/1	接校办	IP 地址：192.168.1.1/24
	Fa0/10	接教务处	IP 地址：192.168.2.1/24
	Fa0/24	接路由器	IP 地址：192.168.100.1/24
路由器	Fa0/0	接交换机的 Fa0/24	IP 地址：192.168.100.3/24
	Fa0/1	接人事处	IP 地址：192.168.4.1/24

2. 网络基本配置，保证全网畅通

（1）在三层交换机上建立 VLAN 10（校办）SVI 虚接口 IP 地址为 192.168.1.254，把 Fa0/1 端口加入其中；建立 VLAN 20（教务处）SVI 虚接口 IP 地址为 192.168.2.254，把 Fa0/10 端口加入其中。

```
Switch>enable                                     // 进入特权模式
Switch#configure terminal                         // 进入全局配置模式
SW2-1(config)#vlan 10                             // 创建 VLAN 10
SW2-1(config-vlan)#exit
SW2-1(config)#interface range f 0/1               // 进入 Fa0/1 端口
SW2-1(config-if-range)#switchport access vlan 10
SW3-1(config)#int vlan 10
SW3-1(config-if)#ip address 192.168.1.254 255.255.255.0
                              //VLAN 里设 IP 地址，即设置 SVI 虚接口
SW2-1(config)#vlan 20                             // 创建 VLAN 20
SW2-1(config-vlan)#exit
SW2-1(config)#interface range f 0/10              // 进入 Fa0/10 端口
SW2-1(config-if-range)#switchport access vlan 20
SW3-1(config)#int vlan 20
SW3-1(config-if)#ip address 192.168.2.254 255.255.255.0
```

// 设置 SVI 虚接口

（2）将 Fa0/24 升级为三层口，配置 IP 地址为 192.168.100.1/24。配置去往其他网段的缺省路由，下一跳指向路由器的 Fa0/0 端口 192.168.100.3。

```
Switch(config)#int f 0/24
Switch(config-if)#no switchport          // 将 Fa0/24 升级为三层接口
Switch(config-if)#ip add 192.168.100.1 255.255.255.0
Switch(config)#ip route 0.0.0.0 0.0.0.0 192.168.100.3 // 配置缺省路由
```

（3）路由器上配置去往网段的缺省路由，下一跳指向交换机的 Fa0/24 端口 192.168.100.1。

```
Router #configure terminal
Router(config)#ip route 0.0.0.0 0.0.0.0 192.168.100.1 // 配置缺省路由
```

（4）测试网络连通性，保证全网畅通。使用 ping 命令测试，校办和教务处均能 ping 通人事处。

3. 配置标准 ACL

对于标准访问控制列表，由于只能对报文的源 IP 地址进行检查，所以为了不影响源端的其他通信，通常将其放置到距离目标最近的位置，本次任务设的路由器的 Fa0/1 接口。

```
Router>en
Router #configure terminal
Router(config)#access-list 1 deny 192.168.2.0 0.0.0.255
                                  // 拒绝来自教务处的流量通过
Router(config)#access-list 1 permit 192.168.1.0 0.0.0.255
                                  // 允许来自校办的流量通过
Router(config)#int f 0/1
Router(config-if)#ip access-group 1 out  // 在端口上应用 ACL 规则
```

4. 验证配置结果

（1）显示已经设置的访问控制列表内容

```
Router#show access-lists 1    // 显示访问控制列表
Standard IP access list 1
deny 192.168.2.0 0.0.0.255
permit 192.168.1.0 0.0.0.255
```

（2）查看访问列表在接口上的应用

```
Router#show ip interface f 0/1
FastEthernet0/1 is up,line protocol is up(connected)
  Internet address is 192.168.4.254/24
  Broadcast address is 255.255.255.255
  Address determined by setup command
  MTU is 1500
```

```
Helper address is not set
Directed broadcast forwarding is disabled
Outgoing access list is 1          //Fa0/1 端口的出口上应用了 1 号 ACL
Inbound  access list is not set    // 对流入的数据没有设置 ACL
```

5. 任务测试

在校办主机 192.168.1.1/24 上可以 ping 通人事处主机 192.168.4.1/24，在教务处主机 192.168.2.1/24 上不可以 ping 通人事处主机 192.168.4.1/24，说明标准访问控制列表配置正确并已经起到限制的作用。

小提示

对于标准访问控制列表，由于只能对报文的源 IP 地址进行检查，所以为了不影响源端的其他通信，通常将其放置到距离目标最近的位置。

任务 2　标准扩展 ACL 的配置

学习目标

1. 理解扩展访问控制列表丰富的过滤条件。
2. 掌握扩展访问列表的配置。

任务描述

本任务将通过以下实例，完成标准扩展 ACL 的配置练习：

学校的校办、学生会和网络中心分属三个不同的网段，三个部门之间用网络进行信息传递，为了安全起见，学校要求学生会主机可以 ping 通网络中心，但是不能 FTP 到网络中心，网络结构如图 6—2 所示。

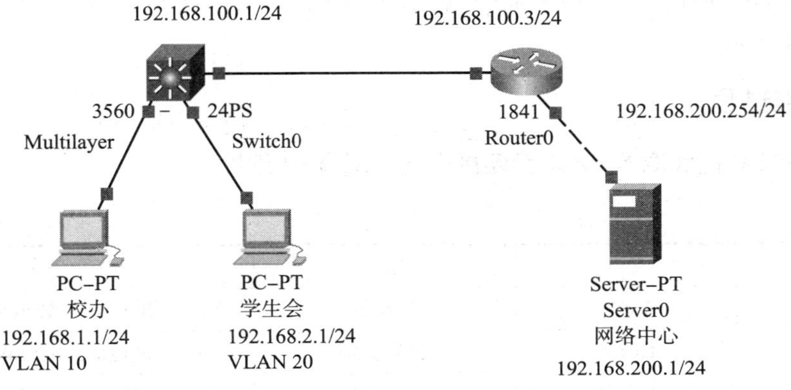

图 6—2　实验拓扑图

相关知识

一、扩展访问控制列表

扩展访问控制列表是应用在路由器接口的指令列表。这些指令列表用来告诉路由器哪些数据包可以收、哪些数据包需要拒绝。至于数据包是被接收还是被拒绝，可以由类似于源地址、目的地址、端口号等的特定指示条件来决定。

二、配置命令

1. 定义扩展 ACL

Router（config）# access-list <列表号> {permit | deny } 协议 源地址 反掩码 目的地址 反掩码 [运算符 端口号]

列表号：范围为 100~199。

协议：ip、icmp、tcp、udp 等。

运算符：eq（等于）、lt（小于）、gt（大于）、neq（不等于）等。

端口号：20 或 21（表示 FTP）、23（表示 Telnet）、80（表示 WWW）等。

例　如：Router（config）# access-list 101 permit tcp 192.168.1.1 0.0.0.255 192.168.200.1 0.0.0.255 eq 80　　//只允许192.168.1.0 网段的机器访问 192.168.200.1 的 WWW 服务，其他流量全部拒绝

2. 应用 ACL 到接口

Router（config-if）#access-group <列表号> {in | out }

扩展访问控制列表一般应用在离源地址较近的位置。

任务实施

一、设备准备

交换机 Cisco 3560 一台，路由器一台，带有网卡的工作站 PC 三台，直通双绞线若干条，Console 线一条。

二、实施过程

1. 按实验拓扑图和表 6—2 正确连接设备，配置 IP 地址

表 6—2

网络设备	接口	用途	备注
交换机	Fa0/1	接校办	IP 地址：192.168.1.1/24
	Fa0/10	接学生会	IP 地址：192.168.2.1/24
	Fa0/24	接路由器	IP 地址：192.168.100.1/24

续表

网络设备	接口	用途	备注
路由器	Fa0/0	接交换机的 Fa0/24	IP 地址：192.168.100.3/24
	Fa0/1	接网络中心	IP 地址：192.168.200.1/24

2. 网络基本配置，保证全网畅通

（1）在三层交换机上建立 VLAN 10（校办）SVI 虚接口 IP 地址为 192.168.1.254，把 Fa0/1 端口加入其中；建立 VLAN 20（学生会）SVI 虚接口 IP 地址为 192.168.2.254，把 Fa0/10 端口加入其中。

```
Switch>enable                                        // 进入特权模式
Switch#configure terminal                            // 进入全局配置模式
SW2-1(config)#vlan 10                                // 创建 VLAN 10
SW2-1(config-vlan)#exit
SW2-1(config)#interface range f 0/1                  // 进入 Fa0/1 端口
SW2-1(config-if-range)#switchport access vlan 10
SW3-1(config)#int vlan 10
SW3-1(config-if)#ip address 192.168.1.254 255.255.255.0
                                                     // 设置 SVI 虚接口
SW2-1(config)#vlan 20                                // 创建 VLAN 20
SW2-1(config-vlan)#exit
SW2-1(config)#interface range f 0/10                 // 进入 Fa0/10 端口
SW2-1(config-if-range)#switchport access vlan 20
SW3-1(config)#int vlan 20
SW3-1(config-if)#ip address 192.168.2.254 255.255.255.0
                                                     // 设置 SVI 虚接口
```

（2）将 Fa0/24 升级为三层口，配置 IP 地址为 192.168.100.1/24。配置去往其他网段的缺省路由，下一跳指向路由器的 Fa0/0 端口 192.168.100.3。

```
Switch(config)#int f 0/24
Switch(config-if)#no switchport               // 将 Fa0/24 升级为三层接口
Switch(config-if)#ip add 192.168.100.1 255.255.255.0
Switch(config)#ip route 0.0.0.0 0.0.0.0 192.168.100.3
                                              // 配置缺省路由
```

（3）路由器上配置去往网段的缺省路由，下一跳指向交换机的 Fa0/24 端口 192.168.100.1。

```
Router #configure terminal
Router(config)#ip route 0.0.0.0 0.0.0.0 192.168.100.1   // 配置缺省
路由
```

（4）测试网络连通性，保证全网畅通

使用 ping 命令测试，校办和学生会均能 ping 通网络中心。校办和学生会均能 FTP 到网络中心（192.168.200.1）。

```
PC>ftp 192.168.200.1
Trying to connect...192.168.200.1
Connected to 192.168.200.1
220-Welcome to PT Ftp server
Username:admin
331-Username ok,need password
Password:admin
230-Logged in
(passive mode On)
ftp>
```

3. 配置扩展 ACL

对于扩展访问控制列表，通常将其放置到离源地址较近的位置，本次任务是交换机的 VLAN 20 里。

```
Switch>enable
Switch#configure terminal
Switch(config)#access-list 101 deny tcp 192.168.2.0 0.0.0.255
host 192.168.200.1 eq 21
                //拒绝 192.168.2.0 网段访问 192.168.200.1 的 FTP 服务
Switch(config)#access-list 101 permit ip any any
                //允许其他流量通过
Switch(config)#int vlan 20
Switch(config-if)#ip access-group 101 in
               //在 VLAN 20 接口上应用规则
```

4. 验证配置结果

显示已经设置的访问控制列表内容：

```
Switch#show access-lists 101
Extended IP access list 101
    deny tcp 192.168.2.0 0.0.0.255 host 192.168.200.1 eq
ftp(24 match(es))
    permit ip any any(4 match(es))
```

5. 任务测试

在校办主机 192.168.1.1/24 上可以 ping 通和登录 FTP 网络中心主机 192.168.4.1/24。在学生会主机 192.168.2.1/24 上可以 ping 通网络中心主机 192.168.4.1/24，但不能 FTP 登录。说明扩展访问控制列表配置正确并已经起到限制的作用。

```
PC>ftp 192.168.200.1
```

```
Trying to connect...192.168.200.1
%Error opening ftp://192.168.200.1/(Timed out)
PC>(Disconnecting from ftp server)
PC>
```

小提示

扩展 ACL 功能很强大，它可以控制源地址、目的地址、源端口、目的端口等，能实现相当精细的控制，扩展 ACL 不仅读取 IP 包头的源地址 / 目的地址，还要读取第四层包头中的源端口和目的端口的 IP。不过它存在一个缺点，那就是在没有硬件 ACL 加速的情况下，扩展 ACL 会消耗大量的路由器 CPU 资源。所以当使用中低档路由器时应尽量减少扩展 ACL 的条目数，将其简化为标准 ACL 或将多条扩展 ACL 合一是最有效的方法。

任务 3　命名 ACL 的配置

学习目标

掌握命名访问控制列表的配置方法，了解其应用环境。

任务描述

本任务将通过以下实例，完成命名 ACL 的配置练习：

学校的校办、学生会和网络中心分属三个不同的网段，三个部门之间用网络进行信息传递，为了安全起见，学校要求学生会主机可以访问网络中心的 WWW 服务，但是不能 FTP 到网络中心，网络结构如图 6—3 所示。

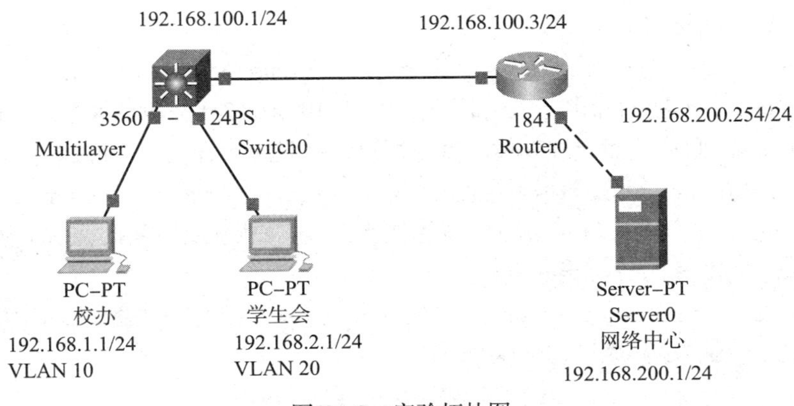

图 6—3　实验拓扑图

相关知识

一、命名访问控制列表

命名 ACL 允许在标准 ACL 和扩展 ACL 中，使用字符串和数字组合代替前面所使用的数字来表示 ACL。命名 ACL 还可以被用来从某一特定的 ACL 中删除个别的控制条目，这样可以让网络管理员方便地修改 ACL。

二、配置命令

1. 标准的命名 ACL

（1）定义标准的命名 ACL

```
Switch(config)#ip access-list  standard  {name}
Switch(config-ext-nacl)#{permit | deny } 源地址 反掩码
```

（2）应用 ACL 到接口

```
Switch(config-if)#ip access-group  {name}  in | out
```

例如：定义一个标准的命名 ACL，阻止来自于 192.168.2.0 网段的流量，而允许其他的流量通过，并且应用在接口 Fa0/24 上。

```
Switch(config)#ip access-list  standard  denystudent
Switch(config-ext-nacl)#deny 192.168.2.0 0.0.0.255
Switch(config-ext-nacl)#permit any
Switch(config)#interface f 0/24
Switch(config-if)#ip access-group  denystudent in
```

2. 扩展的命名 ACL

（1）定义扩展的命名 ACL

```
Switch(config)#ip  access-list  extended  {name}
Switch(config-ext-nacl)# {permit | deny } 协议 源地址 反掩码 目的地址 反掩码 [运算符  端口号]
```

（2）应用 ACL 到接口

```
Switch(config-if)#ip access-group  {name}  in | out
```

例如：定义一个扩展的命名 ACL，阻止来自于 192.168.2.0 网段的主机访问 192.168.200.1 主机的 FTP 和 Telnet 服务，而允许其他的流量通过，并且应用在接口 Fa0/24 上。

```
Switch(config)#ip access-list  extended  denyftptelnet
Switch(config-ext-nacl)#deny tcp 192.168.2.0 0.0.0.255 192.168.200.1 0.0.0.0  eq ftp
Switch(config-ext-nacl)#deny tcp 192.168.2.0 0.0.0.255 192.168.200.1 0.0.0.0  eq telnet
Switch(config-ext-nacl)#permit ip any any
Switch(config)#interface f 0/24
```

```
Switch(config-if)#ip access-group  denyftptelnet  in
```

任务实施

一、设备准备

交换机 Cisco 3560 一台，路由器一台，带有网卡的工作站 PC 三台，直通双绞线若干条，Console 线一条。

二、实施过程

1. 按实验拓扑图和表 6—3 正确连接设备，配置 IP 地址

表 6—3

网络设备	接口	用途	备注
交换机	Fa0/1	接校办	IP 地址：192.168.1.1/24
	Fa0/10	接学生会	IP 地址：192.168.2.1/24
	Fa0/24	接路由器	IP 地址：192.168.100.1/24
路由器	Fa0/0	接交换机的 Fa0/24	IP 地址：192.168.100.3/24
	Fa0/1	接网络中心	IP 地址：192.168.200.1/24

2. 网络基本配置，保证全网畅通

（1）在三层交换机上建立 VLAN 10（校办）SVI 虚接口 IP 地址为 192.168.1.254，把 Fa0/1 端口加入其中；建立 VLAN 20（学生会）SVI 虚接口 IP 地址为 192.168.2.254，把 Fa0/10 端口加入其中。

```
Switch>enable                                       //进入特权模式
Switch#configure terminal                           //进入全局配置模式
SW2-1(config)#vlan 10                               //创建 VLAN 10
SW2-1(config-vlan)#exit
SW2-1(config)#interface range f 0/1                 //进入 Fa0/1 端口
SW2-1(config-if-range)#switchport access vlan 10
SW3-1(config)#int vlan 10
SW3-1(config-if)#ip address 192.168.1.254 255.255.255.0
                                                    //设置 SVI 虚接口
SW2-1(config)#vlan 20                               //创建 VLAN 20
SW2-1(config-vlan)#exit
SW2-1(config)#interface range f 0/10                //进入 Fa0/10 端口
SW2-1(config-if-range)#switchport access vlan 20
SW3-1(config)#int vlan 20
SW3-1(config-if)#ip address 192.168.2.254 255.255.255.0
                                                    //设置 SVI 虚接口
```

（2）将 Fa0/24 升级为三层口，配置 IP 地址为 192.168.100.1/24。配置去往其他网段的缺省路由，下一跳指向路由器的 Fa0/0 端口 192.168.100.3。

```
Switch(config)#int f 0/24
Switch(config-if)#no switchport          //将 Fa0/24 升级为三层接口
Switch(config-if)#ip add 192.168.100.1 255.255.255.0
Switch(config)#ip route 0.0.0.0 0.0.0.0 192.168.100.3
                                         //配置缺省路由
```

（3）路由器上配置去往网段的缺省路由，下一跳指向交换机的 Fa0/24 端口 192.168.100.1。

```
Router #configure terminal
Router(config)#ip route 0.0.0.0 0.0.0.0 192.168.100.1  //配置缺省路由
```

（4）测试网络连通性，保证全网畅通。

使用 ping 命令测试，校办和学生会均能访问网络中心（192.168.200.1）的 FTP 和 WWW 服务。

```
PC>ftp 192.168.200.1
Trying to connect...192.168.200.1
Connected to 192.168.200.1
220- Welcome to PT Ftp server
Username:admin
331- Username ok,need password
Password:admin
230- Logged in
(passive mode On)
ftp>
```

3. 配置命名 ACL

对于命名访问控制列表，通常将其放置到离源地址较近的位置，本次任务是交换机的 VLAN 20 里。

```
Switch>enable
Switch#configure terminal
Switch(config)#ip access-list extended denystudentftp
Switch(config-ext-nacl)#deny tcp 192.168.2.0 0.0.0.255 192.168.200.0 0.0.0.255 eq ftp
   //拒绝 192.168.2.0 网段访问 192.168.200.0 网段的 FTP 服务
Switch(config-ext-nacl)#permit ip any any  //允许其他流量通过
Switch(config-ext-nacl)#int vlan 20
Switch(config-if)#ip access-group denystudentftp in
   //在 VLAN 20 接口上应用规则
```

4. 验证配置结果

显示已经设置的访问控制列表内容：

```
Switch#show ip access-lists
Extended IP access list denystudentftp
    deny tcp 192.168.2.0 0.0.0.255 192.168.200.0 0.0.0.255 eq
ftp(12 match(es))
    permit ip any any
```

5. 任务测试

在校办主机 192.168.1.1/24 上可以 ping 通和登录 FTP 网络中心主机 192.168.4.1/24。在学生会主机 192.168.2.1/24 上可以 ping 通网络中心主机 192.168.4.1/24，但不能 FTP 登录。说明命名访问控制列表配置正确并已经起到限制的作用。

```
PC>ftp 192.168.200.1
Trying to connect...192.168.200.1
%Error opening ftp://192.168.200.1/(Timed out)
PC>(Disconnecting from ftp server)
PC>
```

小提示

前面的标准 ACL 和扩展的 ACL 应用的时候是从上到下依次匹配，但是不能手动删除其中的任意一条，如果要删除只能删除整个访问控制列表，而命名的 ACL 则可以实现手动删除其中的一条，其他的和前者一样。

在使用命名访问控制列表时，要求路由器的 IOS 在 11.2 以上的版本，并且不能以同一名字命名多个 ACL，不同类型的 ACL 也不能使用相同的名字。

如果要删除某一条 ACL 语句，可以使用“no+ACL”语句方式。

任务 4　基于时间的 ACL 的配置

学习目标

掌握基于时间的访问控制列表的配置方法，了解其应用环境。

任务描述

本任务将通过以下实例，完成基于时间的 ACL 的配置练习：

学校的校办、学生会和网络中心分属三个不同的网段，三个部门之间用网络进行信息传递。为了安全起见，学校要求学生会主机在星期一到星期五的 9:00—12:00 和 14:00—18:00 之间不能访问网络，网络结构如图 6—4 所示。

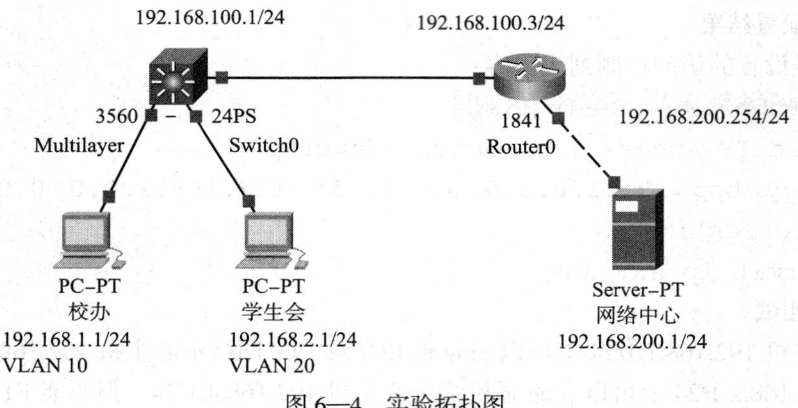

图 6—4　实验拓扑图

相关知识

一、基于时间的访问控制列表

随着网络的发展和用户要求的变化，从 IOS 12.0 开始，思科路由器新增加了一种基于时间的访问控制列表。通过它，可以根据一天中的不同时间，或者根据一星期中的不同日期，或二者相结合来控制网络数据包的转发。这种基于时间的访问控制列表是在原来标准 ACL 和扩展 ACL 中加入有效的时间范围来更合理、有效地控制网络的。它先定义一个时间范围，然后在原来的各种 ACL 的基础上应用它。

基于时间访问控制列表的设计中，用 time-range 命令来指定时间范围的名称，然后用 absolute 命令，或者一个或多个 periodic 命令来具体定义时间范围。

二、配置命令

1. 定义时间范围

定义时间范围又分为两个步骤。

（1）使用全局 time-range 命令来正确地指定时间范围。

格式：`time-range time-range-name`

time-range-name 时间范围名称，用来标志时间范围，以便在访问控制列表中进行引用。

（2）使用 absolute（绝对时间）或者一个或多个 periodic（循环时间）语句来定义时间范围，每个时间范围只能有一个 absolute 语句，但它可以有多个 periodic 语句。

格式：`absolute [start time date][end time date]`

time 以小时和分钟方式（hh:mm）输入时间。

date 以日、月、年方式输入日期。

如：`absolute start 9:00 end 17:00`。

格式：`periodic days-of-the-week hh:mm to [days-of-the-week] hh:mm`

days-of-the-week 产生作用的某天或某几天；参数可以是单一的一天（如 Monday）、某几天（Monday 到 Friday）或 Daily、Weekday 或 Weekend。具体可参考表 6—4。

表 6—4 日期关键字定义

日期关键字	含义
Monday	星期一
Tuesday	星期二
Wednesday	星期三
Thursday	星期四
Friday	星期五
Saturday	星期六
Sunday	星期日
Daily	从星期一到星期日
Weekday	从星期一到星期五
Weekend	星期六和星期日

如：

```
periodic weekend 8: 00 to 18: 00
// 从星期六 8: 00 到星期日 18: 00
periodic daily 8: 00 to 18: 00
// 一周中的每天 8: 00 到 18: 00
periodic wednesday 15: 00 to saturday 8: 00
// 从星期三的 15: 00 到星期六的 8: 00
```

2. 在访问表中用 time-range 引用刚刚定义的时间范围

```
ip access-list 101 permit any any eq 80 time-range time-range-name
```

time-range-name 是用 time-range 定义的名称。

例如：限制 192.168.4.0 网络的上网行为，只允许其在 2014 年 10 月 1 日至 2014 年 10 月 31 日内，从星期一 9：00 到星期五 17：00 进行 Web 访问。

```
time-range allow-http
absolute start 9: 00 1 OCT 2014 end 17:00 31 OCT 2014
periodic weekday 9: 00 to 17:00
ip access-list 101 permit tcp 192.168.4.0 0.0.0.255 any eq 80 time-range allow-http
Interface FastEthernet 0/1
ip access-group 101 in
```

任务实施

一、设备准备

交换机 Cisco 3560 一台，路由器一台，带有网卡的工作站 PC 三台，直通双绞线若干条，Console 线一条。

二、实施过程

1. 按实验拓扑图 6—4 和表 6—5 正确连接设备，配置 IP 地址

表 6—5

网络设备	接口	用途	备注
交换机	Fa0/1	接校办	IP 地址：192.168.1.1/24
	Fa0/10	接学生会	IP 地址：192.168.2.1/24
	Fa0/24	接路由器	IP 地址：192.168.100.1/24
路由器	Fa0/0	接交换机的 Fa0/24	IP 地址：192.168.100.3/24
	Fa0/1	接网络中心	IP 地址：192.168.200.1/24

2. 网络基本配置，保证全网畅通

（1）在三层交换机上建立 VLAN 10（校办）SVI 虚接口 IP 地址为 192.168.1.254，把 Fa0/1 端口加入其中；建立 VLAN 20（学生会）SVI 虚接口 IP 地址为 192.168.2.254，把 Fa0/10 端口加入其中。

```
Switch>enable                                          // 进入特权模式
Switch#configure terminal                              // 进入全局配置模式
SW2-1(config)#vlan 10                                   // 创建 VLAN 10
SW2-1(config-vlan)#exit
SW2-1(config)#interface range f 0/1                    // 进入 Fa0/1 端口
SW2-1(config-if-range)#switchport access vlan 10
SW3-1(config)#int vlan 10
SW3-1(config-if)#ip address 192.168.1.254 255.255.255.0
                                                       // 设置 SVI 虚接口
SW2-1(config)#vlan 20                                  // 创建 VLAN 20
SW2-1(config-vlan)#exit
SW2-1(config)#interface range f 0/10                   // 进入 Fa0/10 端口
SW2-1(config-if-range)#switchport access vlan 20
SW3-1(config)#int vlan 20
SW3-1(config-if)#ip address 192.168.2.254 255.255.255.0
                                                       // 设置 SVI 虚接口
```

（2）将 Fa0/24 升级为三层接口，配置 IP 地址为 192.168.100.1/24。配置去往其他网段的缺省路由，下一跳指向路由器的 Fa0/0 端口 192.168.100.3。

```
Switch(config)#int f 0/24
Switch(config-if)#no switchport          // 将 Fa0/24 升级为三层接口
Switch(config-if)#ip add 192.168.100.1 255.255.255.0
Switch(config)#ip route 0.0.0.0 0.0.0.0 192.168.100.3
                                                       // 配置缺省路由
```

（3）路由器上配置去往网段的缺省路由，下一跳指向交换机的Fa0/24端口192.168.100.1。

```
Router #configure terminal
Router(config)#ip route 0.0.0.0 0.0.0.0 192.168.100.1   //配置缺省路由
```

（4）测试网络连通性，保证全网畅通

使用ping命令测试，校办和学生会均能访问网络中心（192.168.200.1）的FTP和WWW服务。

```
PC>ftp 192.168.200.1
Trying to connect...192.168.200.1
Connected to 192.168.200.1
220- Welcome to PT Ftp server
Username:admin
331- Username ok,need password
Password:admin
230- Logged in
(passive mode On)
ftp>
```

3. 配置基于时间的ACL

对于扩展访问控制列表，通常将其放置到离源地址较近的位置，本次任务是交换机的VLAN 20里。

```
Switch(config)#time-range work                  //定义工作时间段
Switch(config-time-range)#periodic weekdays 9:00 to 12:00
Switch(config-time-range)#periodic weekdays 14:00 to 18:00
                                                  //指定重复发生的时间周期
Switch(config-time-range)#exit
Switch(config)#access-list 101 deny ip 192.168.2.0 0.0.0.255 any time-range work
            //不允许192.168.2.0网段在指定的工作时间段内访问Internet
Switch(config)#access-list 101 permit ip any any
            //其他时间段允许访问Internet
Switch(config)#int vlan 20
Switch(config-if)#ip access-group 101 out
```

4. 验证配置结果

（1）查看时间段配置

```
Switch #show time-range
time-range entry: work(inactive)
periodic weekdays 9:00 to 12:00
periodic weekdays 14:00 to 18:00
```

（2）查看访问控制列表配置

```
Switch #show access-lists
Extended IP access list 101 includes 2 items:
deny ip 192.168.2.0 0.0.0.255 any time-range work
permit ip any any(active)
```

5. 任务测试

在校办主机 192.168.1.1/24 上可以 ping 通网络中心主机 192.168.4.1/24。在上午 9 点到 12 点，下午 2 点到 6 点之间学生会主机 192.168.2.1/24 不可以 ping 通网络中心主机 192.168.4.1/24。说明命名访问控制列表配置正确并已经起到限制的作用。

Switch#clock set 10:00:00 19 May 2014 //更改系统的时间为工作时间，学生会主机不可以 ping 通网络中心主机。可以看出，此时内网访问不了外网

Switch#clock set 13:00:00 19 May 2014 //更改系统的时间为非工作时间，学生会主机可以 ping 通网络中心主机。可以看出，此时内网能访问外网

小提示

基于时间的 ACL 比较适合于时间段的管理，可以根据一天中的不同时间，或者一周中的某天，或者两者结合，来控制对网络资源的访问。

absolute 命令：指定单个时间周期，这个周期的时间范围内有效（只重复一次）。

periodic 命令：指定一个重复发生的时间周期（重复多次）。

注意事项：

1. 在定义时间接口前需先校正路由器系统时钟。

2. time-range 接口上允许配置多条 periodic 规则（周期时间段），在 ACL 进行匹配时，只要能匹配任一条 periodic 规则即认为匹配成功，而不是要求必须同时匹配多条 periodic 规则。

项目七　端 口 安 全

端口安全是一种基于 MAC 地址对网络接入进行控制的安全机制，这种机制通过检测端口收到的数据帧中的源 MAC 地址来控制非授权设备对网络的访问，通过检测从端口发出的数据帧中的目的 MAC 地址来控制对非授权设备的访问。

任务　端口安全原理及配置

学习目标

1. 掌握端口安全的基本原理。
2. 能够根据管理需求配置交换机端口安全功能，控制用户的安全接入。

任务描述

本任务将通过以下实例，完成端口安全的配置练习：

近期学校里网络状态不稳定，经常有网络故障发生，经学校网络管理员检查后发现用户接入方面存在着很大的安全隐患：

（1）有部分用户私接交换设备来扩展网络，这种不受控设备的接入造成了网络环路。

（2）部分不安全的 PC 或笔记本式计算机直接接入网络，给运行中的网络造成混乱和风险。

为了防止学校内部 IP 地址冲突、网络攻击和破坏行为，学校网络管理员采取了相应的对策：

（1）严格控制端口的连接数。

（2）对网络接入的对象（包括 PC、笔记本式计算机等）进行安全检测和处理，并对其授权入网。

（3）对接入的用户实施相互隔离，防止不安全的接入点对其他接入点的影响。

现要求为每一位教职工分配固定的 IP 地址，并且只允许学校教职工主机可以使用网络，不得随意连接其他主机。例如，某教职工分配的 IP 地址是 192.168.40.22/24，主机 MAC 地址是 0002.1689.067D，该主机连接在 2950 交换机上，配置结构如图 7—1 所示，IP 地址规划见表 7—1。

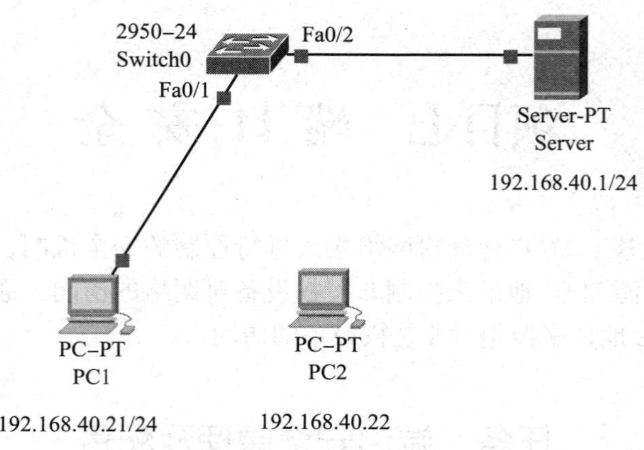

图 7—1　实验拓扑图

表 7—1　　IP 地址规划

机器名	IP 地址	MAC 地址	交换机端口
PC1	192.168.40.21	0002.1689.067D	Fa0/1
PC2	192.168.40.22		
Server	192.168.40.1	0001.43A8.2911	Fa0/2

相关知识

一、端口安全的功能

利用端口安全这个特性，可以通过限制设备访问交换机上某个端口的 MAC 地址和 IP 地址实现对该端口访问的严格控制。当为打开了端口安全功能的端口（称为安全端口）配置了一些安全地址后，则除了源地址为这些安全地址的数据包外，这个端口将不转发其他任何数据包。此外，还可以限制一个端口上能包含的安全地址最大个数，如果将最大个数设置为 1，并且为该端口配置一个安全地址，则连接到这个端口的工作站（其地址为配置的安全 MAC 地址）将独享该端口的全部带宽。

为了增强安全性，可以将 MAC 地址和 IP 地址绑定起来作为安全地址，也可以只指定 MAC 地址而不绑定 IP 地址。如果一个端口被配置为一个安全端口，当其安全地址的数目已经达到允许的最大个数后，如果该端口收到一个源地址不属于端口上的安全地址的数据包时，将产生一个安全违规。当安全违规产生时，可以选择多种方式来处理，如丢弃接收到的报文，发送违规通知或关闭相应端口等。

二、端口安全配置命令

端口安全的相关配置命令都在端口配置模式下进行。

1. 启用和禁用端口安全功能

```
Switch(config-if)#switchport port-security        //启用端口安全配置
```

```
Switch(config-if)#no switchport port-security   //禁用端口安全配置
```

2. 设置端口上安全地址的最大个数

端口上安全地址的最大个数范围是 1 ~ 128，默认值为 1。

```
Switch(config-if)#switchport port-security maximum 1   //限制最大连接数为 1
```

3. 设置处理违规的方法

```
Switch(config-if)#switchport port-security violation [protect | restrict | shutdown]   //根据需要选择中括号（[ ]）中的一个参数，缺省为 protect
```

处理违规的方法包含保护、限制、关闭三种。

保护（Protect）：缺省选项，丢弃未允许的数据包，但不会创建日志消息。

限制（Restrict）：丢弃未允许的数据包，创建日志消息并发送 Trap 消息。

关闭（Shutdown）：将端口置于 err–disabled 状态，创建日志消息并发送 Trap 消息，需要在全局模式下使用 errdisable recovery 特性重新开启该端口。

三种处理违规方法的对比见表 7—2。

表 7—2　　　交换机端口安全处理违规方法比较

违规处理方法	转发流量	是否警告	显示错误消息	增加违规计数	关闭接口
Protect	否	否	否	否	否
Restrict	否	是	否	是	否
Shutdown	否	是	否	是	是

4. 手工配置端口上的安全地址

将相应端口与指定 MAC 地址绑定的命令格式为：

```
Switch(config-if)#switchport port-security mac-address MAC 地址
```

如：

```
Switch(config-if)#switchport port-security mac-address 0801.3CC3.014D
```

5. 查看端口安全配置结果

（1）查看交换机端口安全配置

```
Switch#show port-security
```

查看结果示例如下：

```
Secure Port  MaxSecureAddr  CurrentAddr  Security Violation  Security Action
                (Count)       (Count)         (Count)
安全端口     最大安全地址数  当前安全地址数  违规次数         违规处理方式
-----------------------------------------------------------------------------
Fa0/1           128            2              0               Shutdown
Fa0/2            1             1              0               Shutdown
-----------------------------------------------------------------------------
```

（2）查看指定端口的安全状态

```
Switch#show port-security interface f 0/1
```

查看结果示例如下：

```
Port Security                          :Enabled
Port Status                            :Secure-down
Violation Mode                         :Shutdown
Aging Time                             :0 mins
Aging Type                             :Absolute
SecureStatic Address Aging             :Disabled
Maximum MAC Addresses                  :1
Total MAC Addresses                    :1
Configured MAC Addresses               :1
Sticky MAC Addresses                   :0
Last Source Address:Vlan               :0801.3CC3.014D:1
Security Violation Count               :0
```

（3）查看地址绑定配置

```
Switch#show port-security address
```

查看结果示例如下：

```
Secure Mac Address Table
-------------------------------------------------------------
Vlan   Mac Address         Type          Ports          Remaining Age
                                                           (mins)
-------------------------------------------------------------
1    0001.0001.0001    SecureConfigured FastEthernet0/1    -
1    0801.3CC3.014D    SecureConfigured FastEthernet0/1    -
1    0801.3CC3.014A    SecureConfigured FastEthernet0/2    -
-------------------------------------------------------
Total Addresses in System(excluding one mac per port)   :1
Max Addresses limit in System(excluding one mac per port):1024
```

三、端口安全与限制方法

1. 端口连接数控制

对交换机的用户端口进行连接数控制，仅限一个对象接入，以防止用户私接设备。具体配置如下：

```
Switch(config)#interface fastEthernet 0/1   //进入全局配置模式
Switch(config-if)#switchport mode access    //端口模式改为Access
Switch(config-if)#switchport port-security //启用端口安全配置
Switch(config-if)#switchport port-security maximum 1   //限制最大连接数为1
Switch(config-if)#switchport port-security violation shutdown
//设置违规处理方式为Shutdown
```

配置了交换机的端口安全功能后，当实际应用超出配置的要求，将产生一个安全违规。

2. MAC 地址与端口绑定

管理员不仅可以控制端口的连接数量，还可以控制连接对象的身份。管理员可以对接入的计算机等终端进行安全检查，符合要求的登记 MAC 地址，并在相应的端口做好绑定。

以学校办公室黄老师为例，他的笔记本式计算机的 MAC 地址是 0801.3CC3.014D，他所分配到的交换机端口为 F0/8。黄老师的 PC 经过管理员的安全检查后，在交换机上进行相应绑定操作。具体配置如下：

```
Switch(config)#interface fastEthernet 0/1  // 进入全局配置模式
Switch(config-if)#switchport mode access   // 端口模式改为 Access
Switch(config-if)#switchport port-security // 启用端口安全配置
Switch(config-if)#switchport port-security maximum 1   // 限制最大连接数为 1
Switch(config-if)#switchport port-security mac-address 0801.3CC3.014D   // 端口与 MAC 地址绑定
Switch(config-if)#switchport port-security violation shutdown
                    // 设置违规处理 Shutdown
```

当其他笔记本式计算机通过交换机的 F0/8 接口接入时，该端口就会关闭。管理员可以采用上述方法对其他端口进行限制，严格控制接入对象的身份。

任务实施

一、设备准备

交换机 Cisco 2950 一台，带有网卡的工作站 PC 两台，直通双绞线两条，Console 线一条。

二、实施过程

1. 按图 7—1 和表 7—1 正确连接设备，配置 IP 地址

2. 对 Fa0/1 和 Fa0/2 进行端口安全配置

```
Switch(config)#interface fastEthernet 0/1
Switch(config-if)#switchport mode access
Switch(config-if)#switchport port-security
Switch(config-if)#switchport port-security maximum 1
Switch(config-if)#switchport port-security mac-address 0002.1689.067D
Switch(config-if)#switchport port-security violation shutdown
Switch(config)#interface fastEthernet 0/2
Switch(config-if)#switchport mode access
Switch(config-if)#switchport port-security
```

```
Switch(config-if)#switchport port-security maximum 1
Switch(config-if)#switchport port-security mac-address 0001.43A8.2911
Switch(config-if)#switchport port-security violation shutdown
```

3. 验证配置结果

（1）查看交换机端口安全配置

```
Switch#show port-security
```

若安全端口已配置成功，显示结果应为：

```
Secure Port  MaxSecureAddr  CurrentAddr  SecurityViolation  Security Action
                (Count)       (Count)         (Count)
安全端口     最大安全地址数 当前安全地址数  违规次数          违规处理方式
---------------------------------------------------------------------------
Fa0/1            1              1              0                Shutdown
Fa0/2            1              1              0                Shutdown
---------------------------------------------------------------------------
```

（2）查看 MAC 地址绑定配置

```
Switch#show port-security address
```

若 MAC 地址已经和相应端口绑定成功，显示结果应为：

```
Secure Mac Address Table
---------------------------------------------------------------------------
Vlan    Mac Address       Type             Ports            Remaining Age
                                                                 (mins)
---------------------------------------------------------------------------
1     0002.1689.067D  SecureConfigured FastEthernet0/1        -
1     0001.43A8.2911  SecureConfigured FastEthernet0/2        -
---------------------------------------------------------------------------
Total Addresses in System(excluding one mac per port)    :0
Max Addresses limit in System(excluding one mac per port):1024
```

（3）查看指定端口的安全配置信息

```
Switch#show port-security interface f 0/1
```

Fa0/1 的安全配置应为：

```
Port Security                :Enabled          //端口安全已经开启
Port Status                  :Secure-up
Violation Mode               :Shutdown         //违规处理方式为Shutdown
Aging Time                   :0 mins           //端口老化时间
Aging Type                   :Absolute         //端口老化类型
SecureStatic Address Aging:Disabled
Maximum MAC Addresses        :1                //默认最大安全地址数
Total MAC Addresses          :1
```

```
Configured MAC Addresses   :1                    // 手工配置的安全 MAC 地址
Sticky MAC Addresses       :0
Last Source Address:Vlan   :0002.1689.067D:1// 最近的安全 MAC 地址
Security Violation Count   :0                    // 违规次数
```

4. 测试

通过 ping 命令测试安全端口是否配置正确并已经起到限制的作用。

（1）在 PC1 上执行 ping 192.168.40.1。

若配置正确，结果应显示两台计算机能够连通。

（2）将 PC1 网线从 Fa0/1 端口拔出，再将 PC2 网线接入到 Fa0/1 端口，在 PC2 上执行 ping 192.168.40.1。

若配置正确，结果应显示新接入的 PC2 不能与 Server 连通。

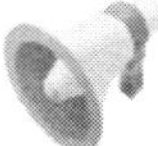

小提示

1. 配置端口安全时有如下一些限制：

（1）安全端口不能是一个 Aggregate Port。

（2）安全端口不能是 SPAN 的目的端口。

（3）安全端口只能是一个 Access 端口。

2. 当端口因为违规被关闭后，在全局配置模式下使用命令 errdisable recovery 将端口从错误状态中恢复过来。

3. 通过 MAC 地址绑定虽然在一定程度上可以保证内网安全，但效果并不是很好，可通过更改新接入计算机网卡的 MAC 地址来破解。建议使用 802.1X 身份验证协议，在可控性、可管理性上 802.1X 都是不错的选择。

项目八　网络地址转换配置

随着 Internet 技术的飞速发展，IPv4 地址短缺已经成了普遍问题，不可能为每一个用户都提供一个独立 IP 地址，大量局域网中的用户只能使用私有地址，而这些内网用户接入 Internet 时，就必须采用一定的技术手段才能实现互联互通。网络地址转换（Network Address Translation，NAT）就是这样一种从局域网（LAN）接入广域网（WAN），将私有地址转化为公共 IP 地址的转换技术，它被广泛应用于各种类型 Internet 接入方式和各种类型的网络中。NAT 不仅完美地解决了 IP 地址不足的问题，而且还能够有效地避免来自网络外部的攻击，隐藏并保护网络内部的计算机。

任务 1　静态 NAT 配置

学习目标

1. 掌握 NAT 的工作原理。
2. 掌握静态 NAT 的应用特点。
3. 能完成静态 NAT 的配置。

任务描述

本任务通过以下模拟实验完成静态 NAT 的配置练习。

学校内部网络中两台计算机 PC0 和 PC1 既允许内部用户（IP 地址为 192.168.1.0/24 网段）能够访问，同时允许 Internet 上的外网用户也能够访问。为实现此功能，学校向当地 ISP（互联网服务提供商）申请了一段公网的 IP 地址 220.128.1.0/24。现在要求通过静态 NAT 转换，当外网用户访问这两台 PC 时，实际访问的是 220.128.1.10 和 220.128.1.11 两个公网的 IP 地址，但用户的访问数据被路由器 Router0 分别转换为 192.168.1.10 和 192.168.1.11 两个内网的私有 IP 地址。

实验拓扑如图 8—1 所示。其中，外网用户采用 PC2 模拟。

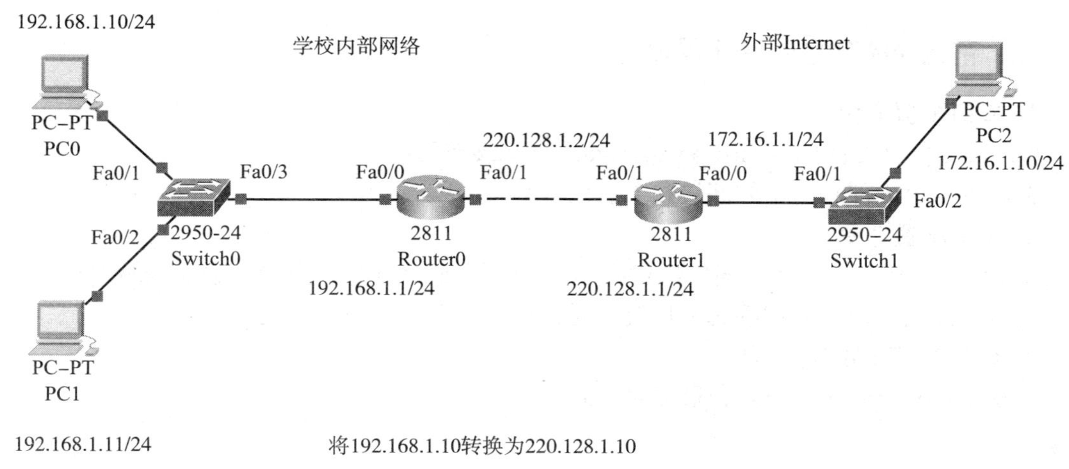

图 8—1　实验拓扑图

一、NAT 概述

1. NAT 的工作原理

当内部网络中的一台主机需要传输数据到外部网络时，它先将数据包传输到 NAT 路由器上，路由器检查数据包的报头，获取该数据包的源 IP 信息，并从它的 NAT 映射表中找出与该 IP 匹配的转换条目，用所选用的内部全局地址（即全球唯一的 IP 地址）来替换内部局部地址，并转发数据包。

当外部网络对内部网络中的主机进行应答时，数据包被送到 NAT 路由器上，路由器接收到目的地址为内部全局地址的数据包后，它通过 NAT 映射表查找出该内部全局地址对应的内部局部地址，然后将数据包的目的地址替换成内部局部地址，并将数据包转发到内部网络中的主机。

2. 静态 NAT 的特点

静态转换是指将内部网络的某个私有 IP 地址转换为对应的一个公共 IP 地址，IP 地址是一对一的，是一成不变的。静态 NAT 允许外部设备发起与内部设备的连接。借助于静态转换，可以实现外部网络对内部网络中某些特定设备（如服务器）的访问。

静态 NAT 为内部地址与外部地址的一对一映射，这些映射保持不变，对于必须具有一致的地址、可从 Internet 访问的 Web 服务器或主机特别有用。这些内部主机可能是企业服务器或网络设备。

配置静态 NAT 转换很简单。首先定义需要转换的地址，然后在适当的接口上配置 NAT，从指定的 IP 地址到达内部接口的数据包需经过转换，外部接口收到的以指定 IP 地址为目的地的数据包也需经过转换。

二、静态 NAT 的常用配置命令

1. 接口配置命令

```
Router(config)#ip nat {inside | outside}
```

在至少一个内部和一个外部接口上启用 NAT。

2. 全局配置命令

```
Router(config)#ip nat inside source static local-ip global-ip
```

在对内部局部地址使用静态地址转换时，用该命令进行地址定义。

3. 查看 NAT 的统计信息

```
Router#show ip nat statistics
```

任务实施

一、设备准备

路由器两台，二层交换机一台，PC 三台，线材若干。

二、实施过程

1. 按图 8—1 正确连接设备

2. 配置路由器 Router0

重要命令如下：

```
Router0#configure terminal                          //进入全局配置模式
Router0(config)#int f 0/1                           //进入端口 Fa0/1
Router0(config-if)#ip address 220.128.1.2 255.255.255.0   //配置 IP 地址
Router0(config-if)#no shut                          //启用端口，使其转发数据
Router0(config-if)#exit
Router0(config)#int f 0/0                           //进入端口 Fa0/0
Router0(config-if)#ip address 192.168.1.1 255.255.255.0   //配置 IP 地址
Router0(config-if)#no shut                          //启用端口，使其转发数据
Router0(config-if)#exit
Router0(config)#ip route 0.0.0.0 0.0.0.0 f 0/1      //设置端口为 Fa0/1 的默认静态路由
```

3. 配置路由器 Router1

重要命令如下：

```
Router1#configure terminal                          //进入全局配置模式
Router1(config)#int f 0/0                           //进入端口 Fa0/0
```

Router1(config-if)#ip address 172.16.1.1 255.255.255.0 //配置 IP 地址

Router1(config-if)#exit

Router1(config)#int f 0/1 //进入端口 Fa0/1

Router1(config-if)#ip address 220.128.1.1 255.255.255.0 //配 置 IP 地址

Router1(config-if)#no shut //启用端口，使其转发数据

Router1(config-if)#exit

Router1(config)#ip route 0.0.0.0 0.0.0.0 f 0/1 //设置以端口为 Fa0/1 的默认静态路由

4. 配置 Switch0

重要命令如下：

Switch0(config)#in f 0/3 //进入端口 Fa0/3

Switch0(config-if)#switchport mode trunk //设置该端口为中继端口

Switch0(config-if)#exit

交换机在该实验里作为透明传输使用。Switch1 的配置同理，不再重复。

5. 在路由器 Router0 上配置静态 NAT

重要命令如下：

Router0(config)#int f 0/0 //进入端口 Fa0/0

Router0(config-if)#ip nat inside //将 Fa0/0 端口定义为内部端口

Router0(config-if)#exit

Router0(config)# int f 0/1 //进入端口 Fa0/1

Router0(config-if)#ip nat outside //将 Fa0/1 端口定义为外部端口

Router0(config-if)#exit

Router0(config)#ip nat inside source static 192.168.1.10 220.128.1.10 //将内网的 IP 地址 192.168.1.10 静态映射为外网的公共 IP 地址 220.128.1.10

Router0(config)#ip nat inside source static 192.168.1.11 220.128.1.11 //将内网的 IP 地址 192.168.1.11 静态映射为外网的公共 IP 地址 220.128.1.11

Router0(config)#end

6. 验证

打开 PC2，进入“命令提示符”窗口，用 ping 命令分别测试 220.128.1.10 和 220.128.1.11 两个 IP 地址，如图 8—2 所示。如果 IP 地址是连通的，则说明路由器 Router1 已进行了地址转换。其实，真正访问的是 192.168.1.10 和 192.168.1.11 两台主机。

```
命令提示符
PC>ping 220.128.1.11

Pinging 220.128.1.11 with 32 bytes of data:

Reply from 220.128.1.11: bytes=32 time=0ms TTL=126
Reply from 220.128.1.11: bytes=32 time=1ms TTL=126
Reply from 220.128.1.11: bytes=32 time=0ms TTL=126
Reply from 220.128.1.11: bytes=32 time=0ms TTL=126

Ping statistics for 220.128.1.11:
    Packets: Sent = 4, Received = 4, Lost = 0 (0% loss),
Approximate round trip times in milli-seconds:
    Minimum = 0ms, Maximum = 1ms, Average = 0ms

PC>ping 220.128.1.10

Pinging 220.128.1.10 with 32 bytes of data:

Reply from 220.128.1.10: bytes=32 time=0ms TTL=126
Reply from 220.128.1.10: bytes=32 time=0ms TTL=126
Reply from 220.128.1.10: bytes=32 time=1ms TTL=126
Reply from 220.128.1.10: bytes=32 time=0ms TTL=126

Ping statistics for 220.128.1.10:
    Packets: Sent = 4, Received = 4, Lost = 0 (0% loss),
Approximate round trip times in milli-seconds:
    Minimum = 0ms, Maximum = 1ms, Average = 0ms

PC>
```

图 8—2　ping 通外部地址

7. 在路由器 Router0 上使用 show ip nat translations 命令查看 NAT 的转换情况

```
Router0#show ip nat translations  // 显示活动的转换
```

结果如下：

```
Pro  Inside global     Inside local      Outside local     Outside global
icmp 220.128.1.10:61   192.168.1.10:61   172.16.1.10:61    172.16.1.10:61
icmp 220.128.1.10:62   192.168.1.10:62   172.16.1.10:62    172.16.1.10:62
icmp 220.128.1.10:63   192.168.1.10:63   172.16.1.10:63    172.16.1.10:63
icmp 220.128.1.10:64   192.168.1.10:64   172.16.1.10:64    172.16.1.10:64
icmp 220.128.1.11:65   192.168.1.11:65   172.16.1.10:65    172.16.1.10:65
icmp 220.128.1.11:66   192.168.1.11:66   172.16.1.10:66    172.16.1.10:66
icmp 220.128.1.11:67   192.168.1.11:67   172.16.1.10:67    172.16.1.10:67
icmp 220.128.1.11:68   192.168.1.11:68   172.16.1.10:68    172.16.1.10:68
—    220.128.1.10      192.168.1.10      —                 —
—    220.128.1.11      192.168.1.11      —                 —
```

上述显示结果中，相关术语含义如下：

（1）Inside local（内部本地地址）

内部本地地址是指在一个企业和机构网络内部分配给一台主机的 IP 地址，该地址通常是私有 IP 地址。

（2）Inside global（内部全局地址）

内部全局地址是指设置在路由器等因特网接口设备上，用来代替一个或者多个私有 IP 地址的公共地址，这个地址在公网上是唯一的。

（3）Outside local（外部本地地址）

外部本地地址是指因特网上的一个公共地址，该地址可能是因特网上的一台主机。

（4）Outside global（外部全局地址）

外部全局地址是指因特网上另一端网络内部的地址，该地址可能是私有的。

小提示

1. ip nat inside 和 ip nat outside，初学者经常搞不清楚，想当然地随意填写端口的 NAT 方向。要注意该命令与端口所处的网段相关，内部 IP 地址必须用 inside，切不可混淆。

2. 默认路由的地址可以用端口号，也可以用 IP 地址。

任务 2 动态 NAT 配置

学习目标

1. 掌握配置动态 NAT 的命令和步骤。
2. 能查看 NAT 转换配置情况。

任务描述

IP 地址的数量有限，通常用户从 ISP 获得的合法 IP 地址数量少于局域网内部的计算机数量。在实际使用中，局域网内的计算机一般不会同时和 Intetnet 进行通信，因此在任意时刻，只要合法 IP 地址的数量不少于此时需要连接外网的计算机数量，就可以正常提供服务，这就需要将有限的合法 IP 地址动态地分配给有需要的内网计算机。采用动态 NAT 技术即可实现这一目的。动态 NAT 是指将内部网络的私有 IP 地址转换为公共 IP 地址时，IP 地址配对是随机的、不确定的，所有访问公网的私有 IP 地址可随机转换为任何指定的合法 IP 地址，只需要指定哪些内部 IP 地址可以进行转换，以及用哪些合法 IP 地址作为外部 IP 地址，就可以进行动态转换。

本任务的内容就是在图 8—1 所示的实验拓扑图上，利用动态 NAT 来实现 IP 地址转换。

相关知识

一、动态 NAT 的特点

（1）内部本地地址和内部全局地址是一对一映射。

（2）动态 NAT 是临时的，如果过了一段时间没有使用，映射关系就会删除。

（3）动态映射需要把合法地址组建成一个地址池，当内网的客户机访问外网时，从地址池中取出一个地址为它建立 NAT 映射，这个映射关系将一直保持到会话结束。

二、动态 NAT 相关命令

1. 为内部网络定义一个标准的 IP 访问控制列表

```
Router(config)#access-list access-list-number {permit|deny}
```

local-ip-address

该命令为内部网络定义一个标准的 IP 访问控制列表。

2. 为内部网络定义一个 NAT 地址池

```
Router(config)#ip nat pool pool-name start-ip end-ip netmask netmask[type rotary]
```

该命令中间格式分别为起始 IP 地址和结束 IP 地址，最后是网段掩码。

3. 定义访问控制列表与 NAT 内部全局地址池之间的映射

```
Router(config)#ip nat inside source list access-list-number pool pool-name[overload]
```

4. 定义访问控制列表与 NAT 外部局部地址池之间的映射

```
Router(config)#ip nat outside source list access-list-number pool pool-name[overload]
```

5. 定义访问控制列表与终端 NAT 地址池之间的映射

```
Router(config)#ip nat inside destination list access-list-number pool pool-name
```

6. 显示当前存在的 NAT 转换信息

```
Router#show ip nat translations
```

7. 查看 NAT 的统计信息

```
Router#show ip nat statistics
```

任务实施

一、设备准备

路由器两台，二层交换机一台，PC 三台，线材若干。

二、实施过程

1. 按图 8—1 正确连接设备

2. 配置 Router0

重要命令如下：

```
Router0#config t
Router0(config)#int f 0/0
Router0(config-if)#ip address 192.168.1.1 255.255.255.0
Router0(config-if)#no shutdown
Router0(config-if)#int f 0/1
Router0(config-if)#ip address 220.128.1.2 255.255.255.0
Router0(config-if)#no shutdown
Router0(config-if)#exit
Router0(config)#ip nat pool NAT 220.128.1.10 220.128.1.15
```

netmask 255.255.255.0 // 设置公网地址池，名字为 NAT，地址范围从 10～15

Router0(config)#access-list 1 permit 192.168.1.0 0.0.0.255 // 设置访问控制列表，允许 192.168.1.0 网段进行转变

Router0(config)#ip nat inside source list 1 pool NAT// 执行动态 NAT

Router0(config)#int f 0/0

Router0(config-if)#ip nat inside

Router0(config-if)#int f 0/1

Router0(config-if)#ip nat outside

Router0(config-if)#exit

Router0(config)#ip route 0.0.0.0 0.0.0.0 f 0/1 // 默认路由

3. 配置 Router1

重要命令如下：

Router1#conf t

Router1(config)#int f 0/0

Router1(config-if)#ip address 172.16.1.1 255.255.255.0

Router1(config-if)#no shutdown

Router1(config-if)#int f 0/1

Router1(config-if)#ip address 220.128.1.2 255.255.255.0

Router1(config-if)#no shutdown

Router1(config)#ip route 0.0.0.0 0.0.0.0 f 0/1// 默认路由

4. 验证

（1）PC0 ping PC2

连接成功则说明动态转换成功，如图 8—3 所示。

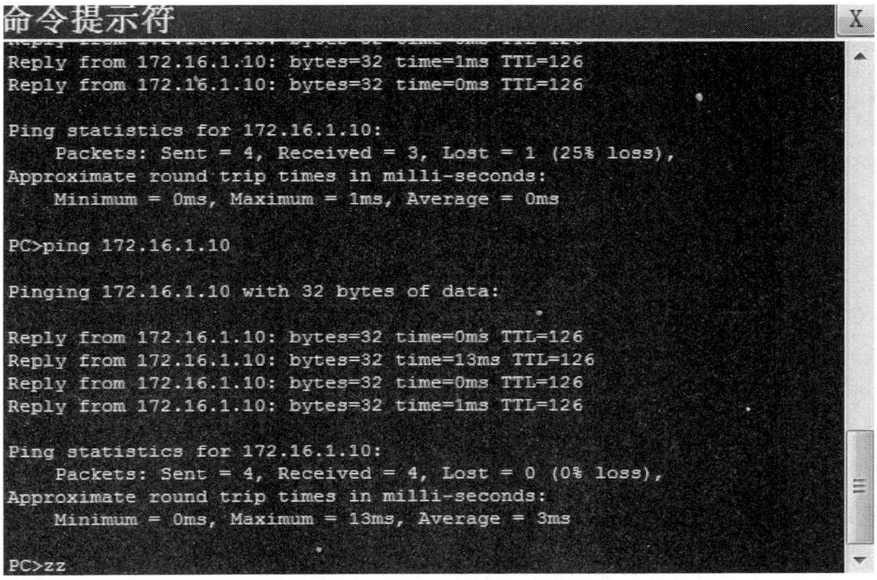

```
命令提示符
Reply from 172.16.1.10: bytes=32 time=1ms TTL=126
Reply from 172.16.1.10: bytes=32 time=0ms TTL=126

Ping statistics for 172.16.1.10:
    Packets: Sent = 4, Received = 3, Lost = 1 (25% loss),
Approximate round trip times in milli-seconds:
    Minimum = 0ms, Maximum = 1ms, Average = 0ms

PC>ping 172.16.1.10

Pinging 172.16.1.10 with 32 bytes of data:

Reply from 172.16.1.10: bytes=32 time=0ms TTL=126
Reply from 172.16.1.10: bytes=32 time=13ms TTL=126
Reply from 172.16.1.10: bytes=32 time=0ms TTL=126
Reply from 172.16.1.10: bytes=32 time=1ms TTL=126

Ping statistics for 172.16.1.10:
    Packets: Sent = 4, Received = 4, Lost = 0 (0% loss),
Approximate round trip times in milli-seconds:
    Minimum = 0ms, Maximum = 13ms, Average = 3ms

PC>zz
```

图 8—3　PC0 ping PC2 成功

（2）PC1 ping PC2

连接成功则说明动态转换成功，如图 8—4 所示。

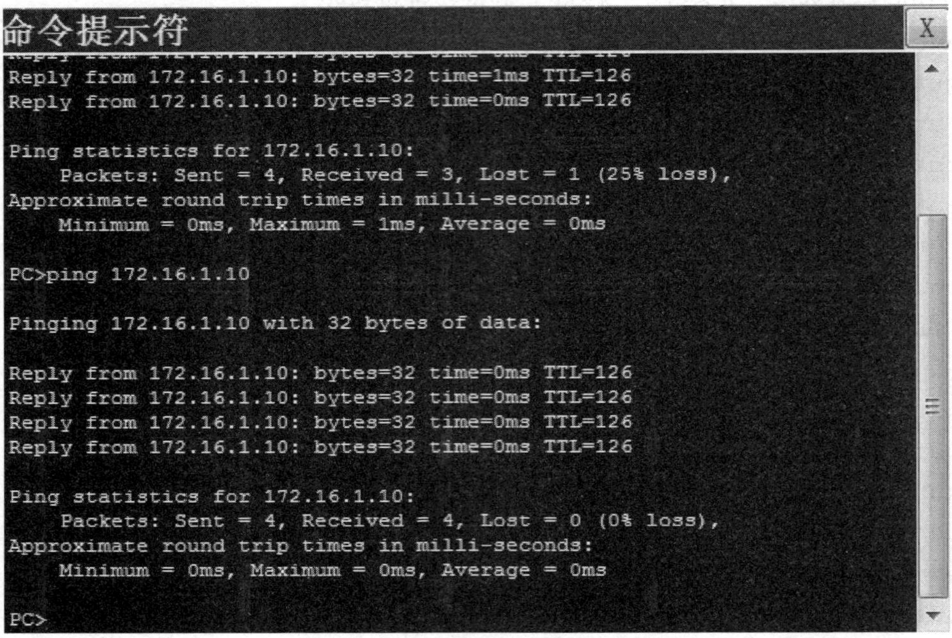

```
命令提示符
Reply from 172.16.1.10: bytes=32 time=1ms TTL=126
Reply from 172.16.1.10: bytes=32 time=0ms TTL=126

Ping statistics for 172.16.1.10:
    Packets: Sent = 4, Received = 3, Lost = 1 (25% loss),
Approximate round trip times in milli-seconds:
    Minimum = 0ms, Maximum = 1ms, Average = 0ms

PC>ping 172.16.1.10

Pinging 172.16.1.10 with 32 bytes of data:

Reply from 172.16.1.10: bytes=32 time=0ms TTL=126
Reply from 172.16.1.10: bytes=32 time=0ms TTL=126
Reply from 172.16.1.10: bytes=32 time=0ms TTL=126
Reply from 172.16.1.10: bytes=32 time=0ms TTL=126

Ping statistics for 172.16.1.10:
    Packets: Sent = 4, Received = 4, Lost = 0 (0% loss),
Approximate round trip times in milli-seconds:
    Minimum = 0ms, Maximum = 0ms, Average = 0ms

PC>
```

图 8—4　PC1 ping PC2 成功

5. 查看转换信息列表

```
Router#show ip nat translations
```

结果如下：

```
Pro  Inside global      Inside local       Outside local      Outside global
icmp 220.128.1.11:33 192.168.1.10:33 172.16.1.10:33 172.16.1.10:33
icmp 220.128.1.11:34 192.168.1.10:34 172.16.1.10:34 172.16.1.10:34
icmp 220.128.1.11:35 192.168.1.10:35 172.16.1.10:35 172.16.1.10:35
icmp 220.128.1.11:36 192.168.1.10:36 172.16.1.10:36 172.16.1.10:36
icmp 220.128.1.11:37 192.168.1.10:37 172.16.1.10:37 172.16.1.10:37
icmp 220.128.1.11:38 192.168.1.10:38 172.16.1.10:38 172.16.1.10:38
icmp 220.128.1.11:39 192.168.1.10:39 172.16.1.10:39 172.16.1.10:39
icmp 220.128.1.11:40 192.168.1.10:40 172.16.1.10:40 172.16.1.10:40
icmp 220.128.1.12:1  192.168.1.11:1  172.16.1.10:1  172.16.1.10:1
icmp 220.128.1.12:2  192.168.1.11:2  172.16.1.10:2  172.16.1.10:2
icmp 220.128.1.12:3  192.168.1.11:3  172.16.1.10:3  172.16.1.10:3
icmp 220.128.1.12:4  192.168.1.11:4  172.16.1.10:4  172.16.1.10:4
```

从结果可以看出，IP 地址池内的不同地址与内部地址一对一转换。

小提示

1. 动态NAT要用到“访问控制列表（ACL）”中的命令，并且该访问控制列表命令并不应用于具体某端口，其目的是告知NAT，在该ACL里的地址范围允许转换成外网地址，不在该范围内的地址不允许转换。

2. NAT转换地址后，地址池中的地址是及时回收的。如果直接在某一台计算机上ping地址池里的合法IP，结果将显示连接失败。与静态NAT不同，只有具体通信的时候，动态NAT才会把地址池中的合法IP地址与内网进行映射。

任务3　PAT配置

学习目标

1. 理解PAT的概念及PAT与NAT的关系。
2. 掌握PAT配置命令。

任务描述

在校园网等网络环境中，需要访问外网的计算机数量是很庞大的，很可能同时有几百台计算机登录互联网。在这样的需求量下，即使是采用动态IP地址池分配的动态NAT，也无法满足这么多计算机的上网要求，因为通常局域网所属单位或机构无法获得足够多的公网IP地址，这种情况下，使用端口多路复用技术的网络地址转换——PAT就显得非常有必要。

本任务的内容是在图8—1所示的实验拓扑图上，利用PAT实现IP地址转换。

相关知识

端口多路复用，即端口地址转换（Port Address Translation，PAT），是指改变外出数据包的源端口并进行端口转换。采用端口多路复用方式，内部网络的所有主机均可共享一个合法外部IP地址实现对Internet的访问，从而可以最大限度地节约IP地址资源，同时，可隐藏网络内部的所有主机，有效避免来自Internet的攻击。目前网络中应用最多的就是端口多路复用方式。

PAT的工作过程大致可以理解为，内网的所有计算机设备全部通过同一个IP地址与外网通信，但为不同的内网设备分配不同的端口，路由器根据端口的不同来确定数据包的转发路径。

PAT理论上可以同时支持64 511个连接会话，但实际使用中，由于设备性能和物理连接特性不能达到，Cisco的路由器NAT功能中每个公网IP地址最多能同时有效支持大约4 000个会话。

任务实施

一、设备准备

路由器两台，二层交换机一台，PC 三台，线材若干。

二、实施过程

1. 按图 8—1 正确连接设备

2. 配置 Router0

重要命令如下：

Router0#config t

Router0(config)#int f 0/0

Router0(config-if)#ip address 192.168.1.1 255.255.255.0

Router0(config-if)#no shutdown

Router0(config-if)#int f 0/1

Router0(config-if)#ip address 220.128.1.2 255.255.255.0

Router0(config-if)#no shutdown

Router0(config-if)#exit

Router0(config)#access-list 1 permit 192.168.1.0 0.0.0.255//设置访问控制列表，允许 192.168.1.0 网段进行转变

Router0(config)#ip nat inside source list 1 interface f 0/1 overload//启用 PAT 私有 IP 地址的来源，来自于 ACL 1，使用 Fa0/1 上的公共 IP 地址进行转换，overload 表示使用端口复用

Router0(config)#int f 0/0

Router0(config-if)#ip nat inside

Router0(config-if)#int f 0/1

Router0(config-if)#ip nat outside

Router0(config-if)#exit

Router0(config)#ip route 0.0.0.0 0.0.0.0 f 0/1 //默认路由

3. 配置 Router1

重要命令如下：

Router1#conf t

Router1(config)#int f 0/0

Router1(config-if)#ip address 172.16.1.1 255.255.255.0

Router1(config-if)#no shutdown

Router1(config-if)#int f 0/1

Router1(config-if)#ip address 220.128.1.2 255.255.255.0

Router1(config-if)#no shutdown

```
Router1(config)#ip route 0.0.0.0 0.0.0.0 f 0/1// 默认路由
```

4. 验证

用 PC0 ping 路由器 Router1 和 PC2，查看转换信息列表：

```
Router0#show ip nat translations
```

结果如下：

```
Pro  Inside global   Inside local    Outside local   Outside global
icmp 220.128.1.2:26  192.168.1.10:26 220.128.1.1:26  220.128.1.1:26
icmp 220.128.1.2:27  192.168.1.10:27 220.128.1.1:27  220.128.1.1:27
icmp 220.128.1.2:28  192.168.1.10:28 220.128.1.1:28  220.128.1.1:28
icmp 220.128.1.2:29  192.168.1.10:29 172.16.1.10:29  172.16.1.10:29
icmp 220.128.1.2:30  192.168.1.10:30 172.16.1.10:30  172.16.1.10:30
icmp 220.128.1.2:31  192.168.1.10:31 172.16.1.10:31  172.16.1.10:31
icmp 220.128.1.2:32  192.168.1.10:32 172.16.1.10:32  172.16.1.10:32
```

通过 PC1 重复进行测试，观察对比显示结果，体会 PAT 的工作原理。

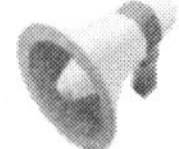

小提示

1. PAT 实际上只是 NAT 的一种应用方式，因此在命令上与动态 NAT 非常相似，也要使用到 ACL 命令，定义允许转换的 IP 地址段。

2. PAT 实际上经常与动态 NAT 一起复用，效率更高。方法是设置一个有若干个 IP 的地址池，再进行端口复用，具体命令可参考动态 NAT 命令与 PAT 命令。

项目九 PPP配置

在实际应用中，同一企业的分支部门可能距离企业本部较远，但其网络仍需接入企业网中，以方便使用企业网中的各种应用。这时需要通过广域网进行连接。点对点协议（Point to Point Protocol，PPP）是目前广域网上应用最广泛的协议之一，工作在OSI七层模型的数据链路层，支持在各种物理类型的点到点串行线路上传输上层协议报文，应用十分广泛。

任务1 PPP封装

学习目标

1. 了解广域网PPP的特性。
2. 掌握广域网PPP封装方法。

任务描述

本任务将通过以下实例，完成PPP封装的实训练习：

为了提高教育教学工作效率，学校一般都建有校园网。现要求学校内部各个职能处室之间的网络通过路由器相连，路由器之间启用PPP封装，保证设备安全通信。拓扑结构参考模型如图9—1所示。

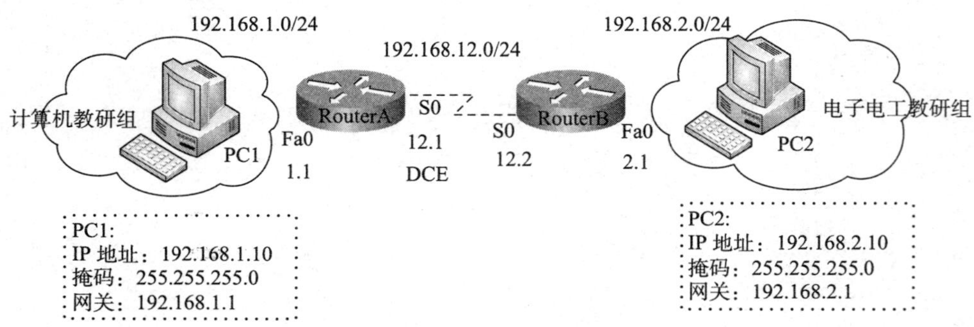

图9—1 校园网络局部拓扑结构模型

相关知识

PPP 工作在数据链路层，通常用在两节点间创建直接的连接，并可以提供连接认证、传输加密及压缩。PPP 的设计目的主要是用来通过拨号或专线方式建立点对点连接发送数据，使其成为各种主机、网桥和路由器之间简单连接的一种共通的解决方案。PPP 可用在许多类型的物理网络中，包括串口线、电话线、中继链接、移动电话、特殊无线电链路及光纤链路。

另外，PPP 还用在互联网接入连接上。互联网服务提供商（ISP）使用 PPP 为用户提供到 Internet 的拨号接入。PPP 的派生物 PPPoE（Point to Point Protocol over Ethernet）就是家庭宽带常用的一种身份认证方式。

任务实施

一、设备准备

路由器 Cisco 2950 两台，带有网卡的工作站 PC 两台，直连网线若干，串口电缆一条。

二、实施过程

1. 配置路由器 RouterA

第 1 步：路由器基本配置

```
Router>enable
Password:                              // 进入特权模式的密码
Router#config terminal                 // 进入全局配置模式
Router(config)#hostname RouterA              // 设备名为 RouterA
```

第 2 步：为端口 S0/0 封装 PPP 并分配 IP 地址

```
RouterA(config)#interface serial 0/0     // 进入 S0/0 接口模式
RouterA(config-if)#encapsulation ppp         // 为端口 S0/0 封装 PPP
RouterA(config-if)#ip address 192.168.12.1 255.255.255.0
// 为端口 S0/0 分配 IP 地址
```

由于 RouterA 的 S0/0 端口为 DCE，要配置时钟，此处配置时钟频率为 64 000

```
RouterA(config-if)#clock rate 64000     // 为 S0/0 端口配置时钟，频率为
64 000
RouterA(config-if)#no shutdown            // 启用 S0/0 接口
RouterA(config-if)#Exit
RouterA(config)#
```

查看此时路由器的 S0/0 端口状态：

```
RouterA # show interface serial 0/0    // 查看 S0/0 接口
```

结果如下：

```
Serial0/0 is down,line protocol is down(disabled)
Hardware is HD64570
Internet address is 192.168.12.1/24
MTU 1500 bytes,BW 128 Kbit,DLY 20000 usec,
  reliability 255/255,txload 1/255,rxload 1/255
Encapsulation PPP,loopback not set,keepalive set(10 sec)
```

//可以看出 PPP 封装已经启用

```
LCP Closed
Closed:LEXCP,BRIDGECP,IPCP,CCP,CDPCP,LLC2,BACP
Last input never,output never,output hang never
Last clearing of "show interface" counters never
Input queue:0/75/0(size/max/drops); Total output drops:0
Queueing strategy:weighted fair
Output queue:0/1000/64/0(size/max total/threshold/drops)
   Conversations  0/0/256(active/max active/max total)
   Reserved Conversations 0/0(allocated/max allocated)
   Available Bandwidth 96 kilobits/sec
5 minute input rate 0 bits/sec,0 packets/sec
5 minute output rate 0 bits/sec,0 packets/sec
   0 packets input,0 bytes,0 no buffer
   Received 0 broadcasts,0 runts,0 giants,0 throttles
   0 input errors,0 CRC,0 frame,0 overrun,0 ignored,0 abort
   0 packets output,0 bytes,0 underruns
   0 output errors,0 collisions,0 interface resets
   0 output buffer failures,0 output buffers swapped out
   0 carrier transitions
DCD=down  DSR=down  DTR=down  RTS=down  CTS=down
```

2. 配置路由器 RouterB

第 1 步：路由器基本配置

```
Router>enable
Password:                          //进入特权模式的密码
Router#config terminal                 //进入全局配置模式
Router(config)#hostname RouterB           //设备名为 RouterB
```

第 2 步：为端口 S0/0 封装 PPP 并分配 IP 地址

```
RouterB(config)#interface serial 0/0        //进入 S0/0 接口模式
RouterB(config-if)#encapsulation ppp        //为端口 S0/0 封装 PPP
RouterB(config-if)#ip address 192.168.12.1 255.255.255.0  //为端口 S0/0 分配 IP 地址
```

由于 RouterB 的 S0/0 端口为 DTE，不需要配置时钟。

```
RouterB(config-if)#no shutdown          //启用 S0/0 接口
RouterB(config-if)#Exit
RouterB(config)#
```

查看此时路由器的 S0/0 端口状态：

```
RouterB # show interface serial 0/0     //查看 S0/0 接口
```

结果如下：

```
Serial0/0 is up,line protocol is up(connected)
Hardware is HD64570
Internet address is 192.168.12.2/24
MTU 1500 bytes,BW 128 Kbit,DLY 20000 usec,
  reliability 255/255,txload 1/255,rxload 1/255
Encapsulation PPP,loopback not set,keepalive set(10 sec)
//PPP 数据封装启用
LCP Open
Open:IPCP,CDPCP
Last input never,output never,output hang never
Last clearing of "show interface" counters never
Input queue:0/75/0(size/max/drops); Total output drops:0
Queueing strategy:weighted fair
Output queue:0/1000/64/0(size/max total/threshold/drops)
   Conversations  0/0/256(active/max active/max total)
   Reserved Conversations 0/0(allocated/max allocated)
   Available Bandwidth 96 kilobits/sec
5 minute input rate 0 bits/sec,0 packets/sec
5 minute output rate 0 bits/sec,0 packets/sec
   0 packets input,0 bytes,0 no buffer
   Received 0 broadcasts,0 runts,0 giants,0 throttles
   0 input errors,0 CRC,0 frame,0 overrun,0 ignored,0 abort
   0 packets output,0 bytes,0 underruns
   0 output errors,0 collisions,2 interface resets
   0 output buffer failures,0 output buffers swapped out
   0 carrier transitions
DCD=up  DSR=up  DTR=up  RTS=up  CTS=up3     //DTE,DCE 链路正常
```

3. 测试两个路由器的连通状况

路由器 RouterA ping 路由器 RouterB：

```
ping  192.168.12.2
```

结果如下：

```
Type escape sequence to abort.
```

```
Sending 5,100-byte ICMP Echos to 192.168.12.2,timeout is 2 seconds:
!!!!!
Success rate is 100 percent(5/5),round-trip min/avg/max=31/31/32 ms
```

任务2　广域网 PPP 的 PAP 验证配置

学习目标

1. 了解 PAP 验证原理。
2. 掌握 PAP 验证配置方法。

任务描述

本任务将通过以下实例，完成广域网 PPP 的 PAP 验证配置练习：

在本项目任务 1 中所提及的校园网中，现在要求在能够实现学校中各职能处室之间主机相互通信的前提下，通过在路由器上增加适当的配置——PAP 验证来提高通信的安全性。拓扑结构模型如图 9—2 所示。

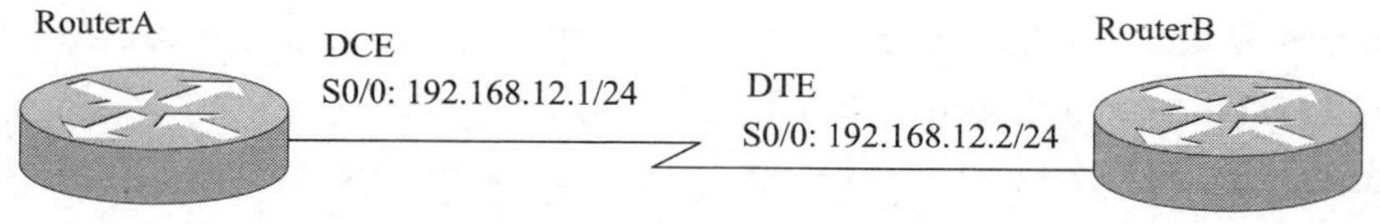

图 9—2　拓扑结构模型

相关知识

口令验证协议（Password Authentication Protocol，PAP）是 PPP 提供的两种可选的身份认证方法之一，是一种用于对试图登录到点对点协议服务器上的用户进行身份验证的方法。验证双方通过两次握手完成验证过程，由被验证方主动发出验证请求，包含被验证的用户名和密码；由验证方验证后做出回复，通过验证或验证失败。在验证过程中用户名和密码以明文的方式在链路上传输。PAP 验证流程如图 9—3 所示。

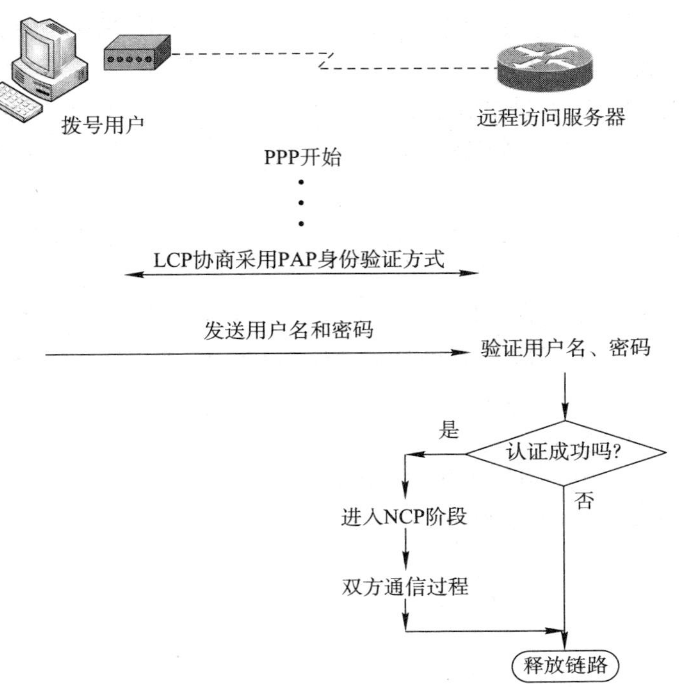

图 9—3　PAP 验证流程图

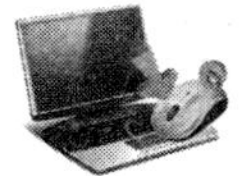

任务实施

一、设备准备

路由器 Cisco 2950 两台，带有网卡的工作站 PC 两台，直连网线若干，串口电缆一条。

二、实施过程

1. PAP 单向认证

RouterB 为服务器端，RouterA 为客户端。

（1）配置路由器 RouterA

第 1 步：路由器基本配置

```
Router>enable
Password:                          // 进入特权模式的密码
Router#config terminal
Router(config)#hostname RouterA             // 设备名为 RouterA
```

第 2 步：为端口 S0/0 封装 PPP 并分配 IP 地址

```
RouterA(config)#interface serial 0/0        // 进入 S0/0 接口模式
RouterA(config-if)#encapsulation ppp            // 为端口 S0/0 封装 PPP
```

RouterA(config-if)#ip address 192.168.12.1 255.255.255.0 // 为端口 S0/0 分配 IP 地址

由于 RouterA 的 S0/0 端口为 DCE，需要配置时钟，此处配置时钟频率为 64 000

RouterA(config-if)#clock rate 64000 // 为 S0/0 端口配置时钟，频率为 64 000

RouterA(config-if)#no shutdown // 启用 S0/0 接口

第 3 步：配置 PAP 验证

在路由器 RouterA（客户端）上配置在路由器 RouterB（服务端）上登录的用户名和密码。

```
RouterA(config-if)#PPP pap sent-username RouterA password 1234
RouterA(config-if)#Exit
RouterA(config)#
```

第 4 步：查看此时路由器的 S0/0 端口状态

```
RouterA # show running
```

结果如下：

```
Building configuration...

Current configuration:475 bytes
!
version 12.2
no service timestamps log datetime msec
no service timestamps debug datetime msec
no service password-encryption
!
hostname RouterA
!
!
interface FastEthernet0/0
 no ip address
 duplex auto
 speed auto
 shutdown
!
interface Serial0/0
 ip address 192.168.12.1 255.255.255.0
 encapsulation ppp
 ppp pap sent-username RouterA password 0 1234
 clock rate 64 000
!
ip classless
```

```
!
line con 0
line vty 0 4
 login
!
!
!
end
```

（2）配置路由器 RouterB

第 1 步：路由器基本配置

```
Router>enable
Password:                  // 进入特权模式的密码
Router#config terminal
Router(config)#hostname RouterB          // 设备名为 RouterB
```

第 2 步：为端口 S0/0 封装 PPP 并分配 IP 地址

```
RouterB(config)#interface serial 0/0     // 进入 S0/0 接口模式
RouterB(config-if)#encapsulation ppp     // 为端口 S0/0 封装 PPP
RouterB(config-if)#ip address 192.168.12.1 255.255.255.0
// 为端口 S0/0 分配 IP 地址
```

由于 RouterB 的 S0/0 端口为 DTE，所以不需要配置时钟。

第 3 步：配置 PAP 验证

在路由器 RouterB（服务端）上，为端口 S0/0 配置 PAP 验证。

```
RouterB(config-if)# PPP  authentication  pap
RouterB(config-if)#no shutdown           // 启用 S0/0 接口
RouterB(config-if)#Exit
```

在路由器 RouterB（服务端）上添加路由器 RouterA（客户端）设置的用户名和口令。

```
RouterB(config)# username  RouterA  password  1234
RouterB(config)#
```

第 4 步：查看此时路由器的 S0/0 端口状态。

```
RouterB # show running
```

结果如下：

```
Building configuration...

Current configuration :469 bytes
!
version 12.2
no service timestamps log datetime msec
no service timestamps debug datetime msec
```

```
no service password-encryption
!
hostname RouterB
!
username RouterA password 0 1234
!
!
interface FastEthernet0/0
 no ip address
 duplex auto
 speed auto
 shutdown
!
 interface Serial0/0
 ip address 192.168.12.2 255.255.255.0
 encapsulation ppp                          //已经启用 PPP
 ppp authentication pap
!
ip classless
!
!
line con 0
line vty 0 4
 login
!
!
end
```

（3）调试

使用“debug PPP authentication”命令可以查看 PPP 认证过程。

```
RouterA# debug PPP authentication
```

以上步骤完成了 RouterA 在 RouterB 上的单向验证。

2. PAP 双向认证

在实际应用中常采用双向验证，可以用同样的方法完成 RouterB 在 RouterA 上的验证。

在 PAP 双向认证中，双方配置的用户名和密码可以不一样，也可以一样；还可以在双方设置认证的用户名为对方设备的 hostname，并设置相同的密码。

（1）在路由器 RouterB（客户端）上配置在路由器 RouterA（服务端）上登录的用户名和口令。

```
RouterB(config-if)# PPP pap sent-username RouterB password 4321
```

在路由器 RouterA（服务端）上，配置 PAP 验证。

```
RouterA(config-if)# PPP  authentication  pap
```

（2）在路由器 RouterA（服务端）上添加路由器 RouterB（客户端）设置的用户名和口令。

```
RouterA(config)# username  RouterB  password  4321
```

（3）调试

使用“debug PPP authentication”命令可以查看 PPP 认证过程。

```
RouterA# debug  PPP  authentication
```

任务 3　广域网 PPP 的 CHAP 验证配置

学习目标

1. 了解 CHAP 验证原理。
2. 掌握 CHAP 验证配置方法。

任务描述

PAP 不是一种健全的身份验证协议，身份验证时在链路上以明文发送，而且由于验证重试的频率和次数由远程节点来控制，因此不能防止回放攻击和重复的尝试攻击。而 CHAP 只在网络上传送用户名而不传送口令，安全性能比 PAP 要提高很多。

本任务将通过以下实例，完成广域网 PPP 的 CHAP 验证配置练习：

把本项目任务 2 的 PAP 验证改为 CHAP 验证。拓扑结构模型如图 9—2 所示。

相关知识

质询握手协议（Challenge Handshake Authentication Protocol，CHAP）是 PPP 提供的两种可选的身份认证方法之一。

CHAP 通过三次握手完成验证过程，如图 9—4 所示。

首先由主验证方发起验证请求，向被验证方发送“挑战”字符串（经过摘要算法加工过的随机序列）。

然后，被验证方接到主验证方的验证请求后，将用户名和密码（这个密码是根据“挑战”字符串进行 MD5 加密的密码）发回给主验证方。

最后，主验证方接收到回应“挑战”字符串后，在自己的本地用户数据库中查找是否有对应的条目，并将用户名对应的密码根据“挑战”字符串进行 MD5 加密，然后将加密的结果和被验证方发来的加密结果进行比较。如果两者相同，则认为验证通过；如果不同，则认为验证失败。

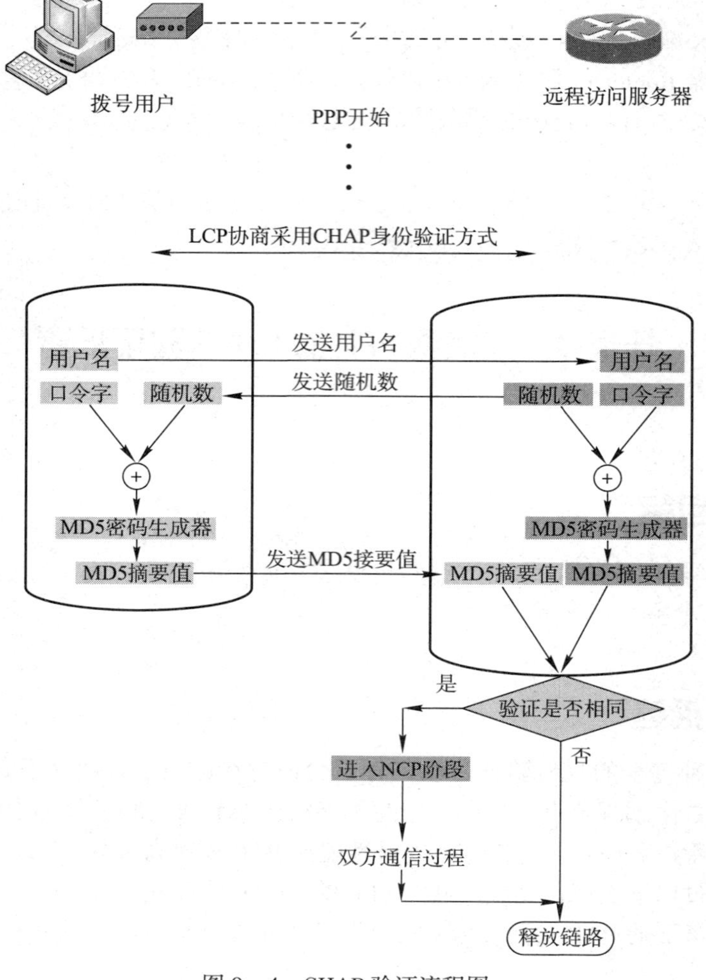

图 9—4　CHAP 验证流程图

CHAP 验证比 PAP 验证更安全，因为 CHAP 不在线路上发送明文密码，而是发送经过摘要算法加工过的随机序列，也被称为“挑战”字符串，同时，身份验证可以随时进行，包括在双方正常通信过程中。因此，非法用户就算截获并成功破解了一次密码，此密码也将在一段时间内失效。

任务实施

一、设备准备

路由器 Cisco 2950 两台，带有网卡的工作站 PC 两台，直连网线若干，串口电缆一条。

二、实施过程

1. CHAP 单向认证

RouterB 为服务器端，RouterA 为客户端。

（1）配置路由器 RouterA

第 1 步：路由器基本配置

```
Router>enable
Password:                    //进入特权模式的密码
Router #config terminal            //进入终端模式
Router(config)#hostname RouterA          //设备名为 RouterA
```

第 2 步：为端口 S0/0 封装 PPP 并分配 IP 地址

```
RouterA(config)#interface serial 0/0     //进入 S0/0 接口模式
RouterA(config-if)#encapsulation ppp      //为端口 S0/0 封装 PPP
RouterA(config-if)#ip address 192.168.12.1 255.255.255.0
//为端口 S0/0 分配 IP 地址
```

由于 RouterA 的 S0/0 端口为 DCE，要配置时钟，此处配置时钟频率为 64 000

```
RouterA(config-if)#clock rate 64000     //为 S0/0 端口配置时钟，频率为
64 000
RouterA(config-if)#no shutdown                  //启用 S0/0 接口
RouterA(config-if)#Exit
```

第 3 步：配置 CHAP 验证

在路由器 RouterA（客户端）上配置在路由器 RouterB（服务端）上登录的用户名和口令。

```
RouterA(config)#username RouterA  password 1234
RouterA(config)#
```

第 4 步：查看此时路由器的 S0/0 端口状态

```
RouterA#show running
```

结果如下：

```
Building configuration...
Current configuration :516 bytes
!
version 12.2
no service timestamps log datetime msec
no service timestamps debug datetime msec
no service password-encryption
!
hostname RouterA
!
username RouterB password 0 1234
```

```
!
!
interface FastEthernet0/0
  no ip address
  duplex auto
  speed auto
  shutdown
!
interface Serial0/0
  ip address 192.168.12.1 255.255.255.0
  encapsulation ppp
  ipv6 ospf cost 781
  clock rate 64000
!
ip classless
!
!
line con 0
line vty 0 4
  login
!
end
```

（2）配置路由器 RouterB

第 1 步：路由器基本配置

```
Router>enable
Password:                          //进入特权模式的密码
Router# config terminal            //进入终端模式
Router(config)#hostname RouterB    //设备名为 RouterB
```

第 2 步：为端口 S0/0 封装 PPP 并分配 IP 地址

```
RouterB(config)#interface serial 0/0        //进入 S0/0 接口模式
RouterB(config-if)#encapsulation ppp        //为端口 S0/0 封装 PPP
RouterB(config-if)#ip address 192.168.12.1 255.255.255.0
//为端口 S0/0 分配 IP 地址
```

由于 RouterB 的 S0/0 端口为 DTE，不需要配置时钟。

第 3 步：配置 CHAP 验证

在路由器 RouterB（服务端）上，为端口 S0/0 配置 CHAP 验证。

```
RouterB(config-if)#PPP authentication chap
RouterB(config-if)#no shutdown              //启用 S0/0 接口
RouterB(config-if)#Exit
```

在路由器RouterB（服务端）上添加路由器RouterA（客户端）设置的用户名和口令。

```
RouterB(config)#username  RouterA  password  1234
RouterB(config)#
```

第4步：查看此时路由器的S0/0端口状态

```
RouterB#show running
```

结果如下：

```
Building configuration...

Current configuration :470 bytes
!
version 12.2
no service timestamps log datetime msec
no service timestamps debug datetime msec
no service password-encryption
!
hostname RouterB
!
!
!
!
interface FastEthernet0/0
 no ip address
 duplex auto
 speed auto
 shutdown
!
interface Serial0/0
 ip address 192.168.12.2 255.255.255.0
 encapsulation ppp
 ppp authentication chap
!
ip classless
!
!
line con 0
line vty 0 4
 login
!
```

```
!
end        # 查看 S0/0 接口
```

（3）调试

使用“debug PPP authentication”命令可以查看 PPP 认证过程。

```
RouterA# debug PPP authentication
```

2. CHAP 双向认证

在 CHAP 双向认证中，双方的用户名和密码可以不一样，以示区别双向认证；也可以设置一样的用户名和密码；还可以在双方设置认证的用户名为对方设备的 hostname，并设置相同的密码。

（1）使用“username 用户名 password 口令”命令为对方配置用户名和密码。

```
RouterA(config)# username RouterB password 1234
RouterB(config)# username RouterA password 1234
```

（2）路由器两端串口采用 PPP 封装，并配置 CHAP 验证。

```
RouterA(config)#interface s 0/0
RouterA(config-if)#encapsulation ppp
RouterA(config-if)#ppp authentication chap
RouterB(config)#interface s 0/0
RouterB(config-if)#encapsulation ppp
RouterB(config-if)#ppp authentication chap
```

（3）调试

使用“debug PPP authentication”命令可以查看 PPP 认证过程。

```
RouterA# debug ppp authentication
```

项目十　三层交换技术

三层交换技术也称为 IP 交换技术，它是相对于传统交换概念而提出的。传统的交换技术是在 OSI 网络模型的第二层（数据链路层）进行操作的，而三层交换技术是在 OSI 网络模型中的第三层（网络层）实现了分组的高速转发。简单来说，三层交换技术就是在同一台设备上完成接口交换和路由功能的技术，在对第一个数据包进行路由后，将会产生一个由 MAC 硬件地址、IP 地址和对应接口组成的映射表，当后面有数据包再次通过时，将根据此映射表直接从二层进行交换，而不是再次路由，这就消除了传统路由器对每个报文都进行路由选择而造成的网络延迟，从而提高了数据包转发速率。

任务　三层交换原理及基本配置

学习目标

1. 了解三层交换技术的工作原理。
2. 掌握三层交换机的基本配置。

任务描述

本任务将通过以下实例，完成三层交换的基本配置练习：

某学校有校长室、总务处和教务处等部门，随着学校规模的不断发展，校园内的网络用户将不断增多，如果不实行虚拟局域网 VLAN 的划分，将所有用户都集中在二层交换机的接口上，将会引起广播风暴，从而降低网络的吞吐量，导致效率低下。为了解决这一问题，基于学校组织结构的考虑，以及同一部门教职工分散在不同地点办公的现状，可以跨地域将其设置在同一 VLAN 中。

本任务将模拟在学校实际应用中，在原有二层交换机的基础上，增设一台三层交换机以实现不同 VLAN 间的路由，从而达到数据包高速转发的目的。

三层交换配置实验拓扑如图 10—1 所示。

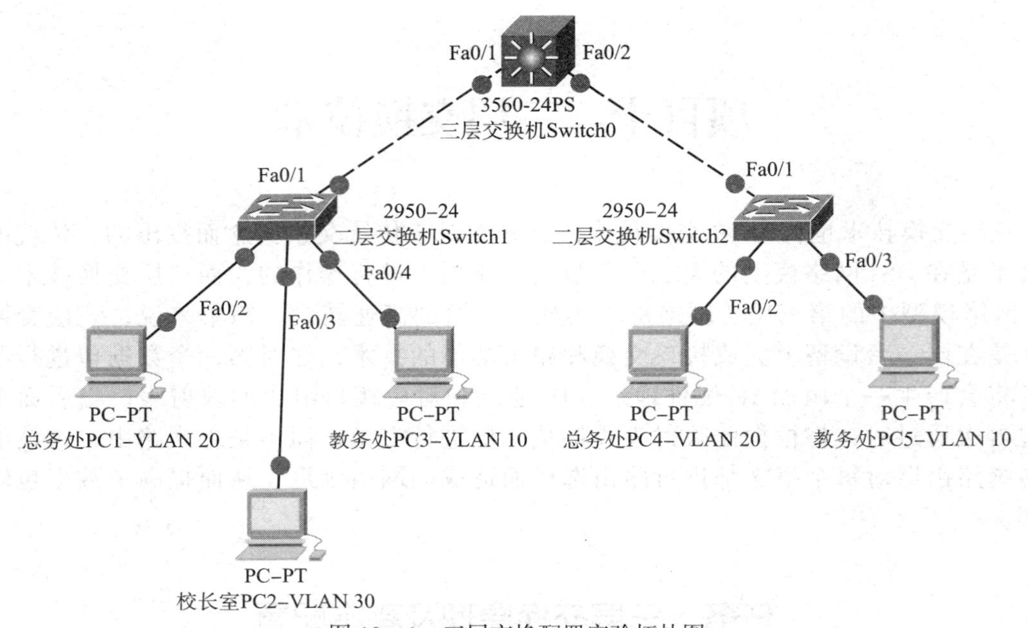

图 10—1　三层交换配置实验拓扑图

相关知识

一、三层交换机工作原理

使用路由器实现 VLAN 间的路由时，随着 VLAN 之间通信流量不断增加，很可能会导致路由器成为整个网络的瓶颈。从硬件上看，由于需要分别设置路由器和交换机，在一些狭小的空间环境里设置场所也会成为问题。三层交换机为此应运而生。

三层交换机具有许多交换接口，从逻辑上可以被看成是一个附带有第三层转发功能的第二层交换设备，同时它与第三层的数据转发模块采用高速互联。在数据通信时，如果属于同一子网，采取第二层转发方式，否则采用第三层转发方式。

假设有两台使用 IP 地址的站点通过三层交换机及其两侧的以太网段进行通信。发送站点在开始发送时，已知目的站的 IP 地址，但尚未知目的 IP 的 MAC 地址，这时需要通过 ARP（地址解析协议）来确定，发送站把自己的 IP 地址和目的站的 IP 地址相比较，通过子网掩码来决定目的站和发送站是否属于同一子网。如果属于同一子网，发送方将载着目的站的 MAC 地址的数据包到达第三层交换机，只需用第二层交换的核心查找到 MAC 目的站就可以转发出去。如果两个站点不在同一子网上，发送站点就通过一个缺省网关将数据包转发出去，而网关的 IP 地址已经在系统软件中有所设置。这个 IP 地址在第三层交换设备中实际是指向交换机中的第三层交换功能块。第三层交换机可以判别第三层的 IP 地址，并以此为依据实现数据的跨网段转发。

交换机的第三层交换可以实现只有原来路由器才能完成的路由功能，并且路由与交换模块是内部汇聚链接的，交换机的路由功能是基于 ASIC 硬件实现的，可以确保相当大的带宽，提高了网络整体性能。第三层交换的出现，与 VLAN 有着密不可分的联系。事实上，为避免在大型交换机上进行广播所引起的广播风暴，可将其划分为多个虚拟网。

二、三层交换机基本配置命令

Switch(config)#ip routing　　//开启三层交换机的路由功能

Switch(config)#interface fastethernet mod-num/port-num　　//进入交换机接口模式

Switch(config-if)#switch trunk encapsulation dot1q //Trunk协议封装为DOT1Q

Switch(config-if)#ip adress IP地址 子网掩码　　//配置VLAN的网关

Switch(config-if)#no shutdown　　//激活接口

任务实施

对三层交换机Switch0进行配置，创建VLAN 10、VLAN 20、VLAN 30，设置为VTP Server。通过Trunk连接到两台二层交换机Switch1和Switch2上。Switch1和Switch2设置为VTP Client，根据工作站PC的IP地址设置表（表10—1）将PC接入对应的交换机接口，并将交换机接口分别划分到VLAN 10、VLAN 20、VLAN 30（表10—2）。启动三层交换机的路由功能，实现VLAN间的路由。

表10—1　　PC的IP地址设置表

PC编号	所属VLAN	IP地址	网关	子网掩码
PC1	VLAN 20	192.168.20.10	192.168.20.1	255.255.255.0
PC2	VLAN 30	192.168.30.10	192.168.30.1	255.255.255.0
PC3	VLAN 10	192.168.10.10	192.168.10.1	255.255.255.0
PC4	VLAN 20	192.168.20.20	192.168.20.1	255.255.255.0
PC5	VLAN 10	192.168.10.20	192.168.10.1	255.255.255.0

表10—2　　VLAN划分表

交换机编号	接口号	VLAN号
Switch0	Fa0/1	Trunk
Switch0	Fa0/2	Trunk
Switch1	Fa0/1	Trunk
Switch1	Fa0/2	VLAN 20
Switch1	Fa0/3	VLAN 30
Switch1	Fa0/4	VLAN 10
Switch2	Fa0/1	Trunk
Switch2	Fa0/2	VLAN 20
Switch2	Fa0/3	VLAN 10

一、设备准备

一台三层交换机 Cisco 3560，两台二层交换机 Cisco 2950，带有网卡的工作站 PC 五台，直连网线若干，控制台电缆一条。

二、实施过程

根据拓扑图 10—1，参考表 10—1 具体端口 IP，具体配置步骤如下：

1. 设置三层交换机 Switch0 为 VTP 服务器

```
Switch0>enable
Switch0#configure terminal            //进入全局配置模式
Switch0(config)#vtp mode server       //配置 Switch0 为 VTP 服务器模式
Switch0(config)#vtp domain svtp       //VTP 域名命名为 svtp
Switch0(config)#exit
```

2. 在三层交换机 Switch0 上创建 VLAN 10、VLAN 20、VLAN 30

```
Switch0#vlan database                   //进入 VLAN 配置模式
Switch0(vlan)#vlan 10 name VLAN10 //创建 VLAN 10
Switch0(vlan)#vlan 20 name VLAN20 //创建 VLAN 20
Switch0(vlan)#vlan 30 name VLAN30 //创建 VLAN 30
Switch0(vlan)#exit
```

3. 将三层交换机 Switch0 与二层交换机 Switch1、Switch2 相连接的接口设置成 Trunk 接口

```
Switch0#configure terminal                          //进入全局配置模式
Switch0(config)#interface fastEthernet 0/1          //进入接口 Fa0/1
Switch0(config-if)#switch trunk encapsulation dot1q  // Trunk 协议封装为 DOT1Q
Switch0(config-if)#switchport mode trunk            //设置接口模式为 Trunk
Switch0(config-if)#exit
Switch0(config)#interface fastEthernet 0/2          //进入接口 Fa0/2
Switch0(config-if)#switch trunk encapsulation dot1q //Trunk 协议封装为 DOT1Q
Switch0(config-if)#switchport mode trunk            //设置接口模式为 Trunk
Switch0(config-if)#exit
```

4. 设置二层交换机 Switch1 为 VTP 客户机

```
Switch1#configure terminal          //进入全局配置模式
Switch1(config)#vtp mode client     //配置 Switch1 为 VTP 客户机模式
Switch1(config)#vtp domain svtp     //VTP 域名命名为 svtp
```

5. 将与 PC 连接的二层交换机 Switch1 接口划入相应的 VLAN

```
Switch1(config)#interface fastEthernet 0/2 //进入接口 Fa0/2
Switch1(config-if)#switchport access vlan 20  //划分到总务处 VLAN 20
```

```
Switch1(config-if)#exit
Switch1(config)#interface fastEthernet 0/3 // 进入接口 Fa0/3
Switch1(config-if)#switchport access vlan 30 // 划分到校长室 VLAN 30
Switch1(config-if)#exit
Switch1(config)#interface fastEthernet 0/4 // 进入接口 Fa0/4
Switch1(config-if)#switchport access vlan 10 // 划分到教务处 VLAN 10
Switch1(config-if)#exit
```

6. 将二层交换机 Switch1 与三层交换机 Switch0 相连接的接口设置成 Trunk 模式

```
Switch1#configure terminal                  // 进入全局配置模式
Switch1(config)#interface fastEthernet 0/1// 进入接口 Fa0/1
Switch1(config-if)#switchport mode trunk    // 设置接口模式为 Trunk
Switch1(config-if)#exit
```

7. 设置二层交换机 Switch2 为 VTP 客户机

```
Switch2#configure terminal        // 进入全局配置模式
Switch2(config)#vtp mode client   // 配置 Switch1 为 VTP 客户机模式
Switch2(config)#vtp domain svtp   //VTP 域名命名为 svtp
```

8. 将与 PC 连接的二层交换机 Switch2 接口划入相应的 VLAN

```
Switch2(config)#interface fastEthernet 0/2 // 进入接口 Fa0/2
Switch2(config-if)#switchport access vlan 20 // 划分到总务处 VLAN 20
Switch2(config-if)#exit
Switch2(config)#interface fastEthernet 0/3 // 进入接口 Fa0/3
Switch2(config-if)#switchport access vlan 10 // 划分到教务处 VLAN 10
Switch2(config-if)#exit
```

9. 将二层交换机 Switch2 与三层交换机 Switch0 相连接的接口设置成 Trunk 模式

```
Switch2(config)#interface fastEthernet 0/1// 进入接口 Fa0/1
Switch2(config-if)#switchport mode trunk  // 设置接口模式为 Trunk
Switch2(config-if)#exit
```

10. 测试相同和不同 VLAN 间的计算机连通情况

测试从总务处 PC1-VLAN 20 到总务处 PC4-VLAN 20 的连通测试：

```
PC>ping 192.168.20.20
Pinging 192.168.20.20 with 32 bytes of data:
Reply from 192.168.20.20:bytes=32 time=16ms TTL=128
Reply from 192.168.20.20:bytes=32 time=0ms TTL=128
Reply from 192.168.20.20:bytes=32 time=0ms TTL=128
Reply from 192.168.20.20:bytes=32 time=0ms TTL=128
Ping statistics for 192.168.20.20:
     Packets:Sent=4,Received=4,Lost=0(0% loss),
Approximate round trip times in milli-seconds:
     Minimum=0ms,Maximum=16ms,Average=4ms
```

测试从总务处 PC1-VLAN 20 到校长室 PC2-VLAN 30 的连通测试：

```
PC>ping 192.168.30.10
Pinging 192.168.30.10 with 32 bytes of data:
Request timed out.
Request timed out.
Request timed out.
Request timed out.
Ping statistics for 192.168.30.10:
     Packets:Sent=4,Received=0,Lost=4(100% loss),
```

经过上述测试，可以发现相同 VLAN 间的 PC 可以互通，不同 VLAN 间的 PC 不能通信，即实现了广播域的隔离。

11. 设置三层交换机 Switch0 以实现 VLAN 间通信

```
Switch0(config)#ip routing                    //配置为接入模式
Switch0(config)#interface vlan 10             //进入 VLAN 10
Switch0(config-if)#ip address 192.168.10.1 255.255.255.0
                                              //配置 VLAN 10 的网关
Switch0(config-if)#no shutdown                //激活接口
Switch0(config-if)#exit
Switch0(config)#interface vlan 20             //进入 VLAN 20
Switch0(config-if)#ip address 192.168.20.1 255.255.255.0
                                              //配置 VLAN 20 的网关
Switch0(config-if)#no shutdown                //激活接口
Switch0(config-if)#exit
Switch0(config)#interface vlan 30             //进入 VLAN 30
Switch0(config-if)#ip address 192.168.30.1 255.255.255.0
                                              //配置 VLAN 30 的网关
Switch0(config-if)#no shutdown                //激活接口
Switch0(config-if)#exit
```

12. 测试不同 VLAN 间的计算机连通情况

测试从总务处 PC1-VLAN 20 到教务处 PC5-VLAN 10 的连通测试：

```
PC>ping 192.168.10.20
Pinging 192.168.10.20 with 32 bytes of data:
Request timed out.
Reply from 192.168.10.20:bytes=32 time=0ms TTL=127
Reply from 192.168.10.20:bytes=32 time=0ms TTL=127
Reply from 192.168.10.20:bytes=32 time=0ms TTL=127
Ping statistics for 192.168.10.20:
     Packets:Sent=4,Received=3,Lost=1(25% loss),
```

```
Approximate round trip times in milli-seconds:
    Minimum=0ms,Maximum=0ms,Average=0ms
```

经过上述测试可以发现，三层交换机既可以实现广播域的隔离，又能实现不同 VLAN 间 PC 的通信，即局域网内的所有 PC 都能够通信。

小提示

如果使用路由器实现 VLAN 间路由的话，随着 VLAN 间流量的不断增加，很可能导致路由器成为整个网络的瓶颈，而三层交换机内置的路由模块与交换模块都使用 ASIC 硬件，可以实现高速转发，并且路由器与交换模块是汇聚链接的，由于是内部链接，可以确保相当大的流量带宽。

三层交换机启动路由功能后，通过识别数据包的 IP 地址，查找路由表进行选路转发，才能实现不同 VLAN 间的通信。数据包首先要经由二层交换机与三层交换机相连的 Trunk 链路，然后再由三层交换机转发到不同的 VLAN。在三层交换机中跨 VLAN 间路由，需要使用 SVI（Switch Virtual Interface，交换虚拟接口），SVI 是指为交换机中的 VLAN 创建的虚拟接口，并且配置 IP 地址，一个 SVI 只能和一个 VLAN 相联系。

任务实施过程中特别要注意的是，与二层交换机相连的 Cisco 三层交换机接口设置成 trunk 模式后，默认的封装协议为 ISL，一般都要将封装为 DOT1Q 协议。DOT1Q 是各类产品的 VLAN 通用协议模式，适用所有交换机与路由设备，支持 4 096 个 VLAN，而 ISL 最多支持 1 024 个 VLAN。ISL 是 Cisco 设备的专用协议，适用于 Cisco 设备，用于实现 Cisco 交换机间的 VLAN 中继，它是一个信息包标记协议。

项目十一　VLAN 间路由

传统的二层交换网络就是一个广播网，当网络规模增大的时候，网络广播严重，效率下降，不利于管理。通过之前所学知道，VLAN 隔离了二层广播域，也就严格地隔离了各个 VLAN 之间的流量，分属于不同 VLAN 的用户之间不能相互通信。不同 VLAN 之间的数据不能直接跨越 VLAN 的边界，需要使用路由，通过路由将报文从一个 VLAN 转发到另外一个 VLAN。这样设置的好处是，主机通过配置默认网关，对于非 VLAN 内的通信，主机将报文发给网关，由网关转发到目的主机，既隔离了广播域，又能实现通信。本项目将以单臂路由为例，介绍如何实现 VLAN 间路由。

任务　单臂路由原理及配置

学习目标

1. 了解单臂路由的工作原理。
2. 掌握单臂路由的基本配置。

任务描述

单臂路由是指在路由器的一个接口上通过配置子接口（虚拟接口）的方式，实现不同 VLAN 间的通信，大都只针对一台二层交换机和一个路由器来实现单臂路由。本任务使用两台二层交换机来搭建学校的局域网，其中一台交换机连接到一台路由器上，实现不同 VLAN 之间的通信。两台交换机间主要通过 Trunk 中继实现 VLAN 间的通信，从而实现学校总务处和教务处两个不同部门间的数据通信。

单臂路由配置实验拓扑如图 11—1 所示。

相关知识

一、单臂路由简介

从拓扑结构图上看，在交换机与路由器之间，数据从一条线路进去，又从同一条线路出来，两条线路重合，所以形象地称之为“单臂路由”。

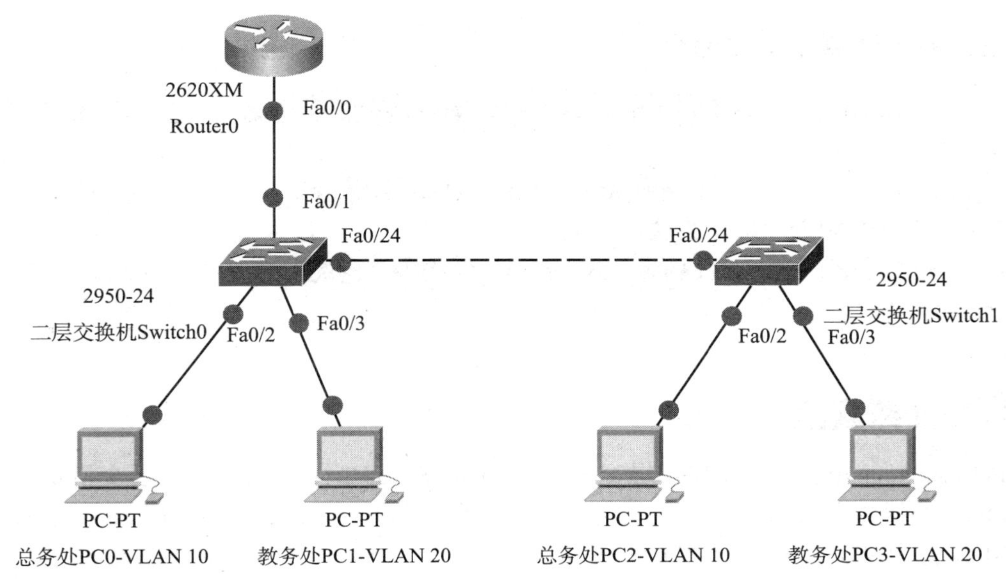

图 11—1 单臂路由配置实验拓扑图

路由器是 OSI 网络模型中的第三层设备，主要用于连接不同网段的局域网，交换机是 OSI 网络模型中的第二层设备，主要用于构建同一网段的局域网，用交换机连接起来的同一地理位置上的局域网已经不能满足综合网络布设的要求。利用 VLAN 虚拟局域网技术可以跨越多个交换机将不同地理位置上的 PC 有机地组合成一个满足用户要求的局域网，各个 VLAN 之间不可以直接通信，只有通过网络第三层的设备才能实现不同 VLAN 间的通信。

路由器接口被配置为中继链路，并以中继模式连接到交换机端口。通过接收中继接口上来自相邻交换机的 VLAN 标记流量，以及通过子接口（一个物理接口上的一系列虚拟接口之一）在 VLAN 之间进行内部路由，路由器便可实现 VLAN 间路由。随后，路由器会将发往目的 VLAN 的 VLAN 标记流量从同一物理接口转发出去。

二、路由器子接口简介

子接口是与同一物理接口相关联的多个虚拟接口，这些子接口在路由器的软件中配置（子接口单独配置有 IP 地址和分配的 VLAN），以便在特定的 VLAN 上运行。根据各自的 VLAN 号分配，子接口被配置到不同的子网，以便在数据帧被标记 VLAN 并从物理接口发送回之前进行逻辑路由。

配置路由器子接口与配置物理接口类似，不同之处是需要创建子接口并分配到 VLAN 号。与常规的物理接口不同，子接口不能通过子接口配置模式下的 no shutdown 命令启用，当物理接口通过 no shutdown 命令启用后，配置的所有子接口都会被启用。同样，如果物理接口被禁用，所有子接口也都会被禁用。

子接口用于 VLAN 间路由时，被发送的流量会争用单个物理接口的带宽。网络繁忙时，会导致通信瓶颈。为均衡物理接口上的流量负载，可将子接口配置在多个物理接口上，以减轻 VLAN 流量之间竞争带宽的现象。

三、路由器基本配置命令

Router(config-if)#interface fastEthernet 0/0.X //定义第X个子接口

Router(config-subif)#encapsulation dot1q vlan号 //封装DOT1Q协议，并将此子接口与VLAN关联

Router(config-subif)#ip address IP地址 网关地址 //配置子接口的IP地址

任务实施

路由器Router0的Fa0/0和二层交换机Switch0的Fa0/1接口相连，二层交换机Switch0和Switch1的接口Fa0/24通过Trunk模式相连，交换机Switch0设置为VTP Server，交换机Switch1设置为VTP Client，在交换机Switch0上创建VLAN 10和VLAN 20。根据工作站PC的IP地址设置表（表11—1）将PC接入对应的交换机接口，并将交换机接口分别划分到VLAN 10和VLAN 20（表11—2）。

表11—1　　PC机的IP地址设置表

PC机编号	所属VLAN	IP地址	网关	子网掩码
PC0	VLAN 10	192.168.10.10	192.168.10.1	255.255.255.0
PC1	VLAN 20	192.168.20.10	192.168.20.1	255.255.255.0
PC2	VLAN 10	192.168.10.20	192.168.10.1	255.255.255.0
PC3	VLAN 20	192.168.20.20	192.168.20.1	255.255.255.0

表11—2　　VLAN划分表

网络设备编号	接口号	VLAN号
Switch0	Fa0/1	Trunk
Switch0	Fa0/2	VLAN 10
Switch0	Fa0/3	VLAN 20
Switch0	Fa0/24	Trunk
Switch1	Fa0/2	VLAN 10
Switch1	Fa0/3	VLAN 20
Switch1	Fa0/24	Trunk

一、设备准备

一台路由器Cisco 2620，两台二层交换机Cisco 2950，带有网卡的工作站PC四台，直连网线若干，控制台电缆一条。

二、实施过程

根据单臂路由实验拓扑图（图 11—1），具体配置步骤如下：

1. 在二层交换机 Switch0 上创建 VLAN 10、VLAN 20

```
Switch0#vlan database                          //进入 VLAN 配置模式
Switch0(vlan)#vlan 10 name VLAN10              //创建 VLAN 10
Switch0(vlan)#vlan 20 name VLAN20              //创建 VLAN 20
```

2. 设置二层交换机 Switch0 为 VTP 服务器

```
Switch0#vlan database
Switch0(vlan)#vtp server                       //配置 Switch0 为 VTP 服务器模式
Switch0(vlan)#vtp domain svtp                  //VTP 域名命名为 svtp
Switch0(vlan)#exit
```

3. 对二层交换机 Switch0 的各个接口进行配置

```
Switch0#configure terminal
Switch0(config)#interface fastEthernet 0/1     //进入接口 Fa0/1
Switch0(config-if)#switchport mode trunk       //设置接口模式为 trunk
Switch0(config-if)#exit
Switch0(config)#interface fastEthernet 0/24    //进入接口 Fa0/24
Switch0(config-if)#switchport mode trunk       //设置接口模式为 Trunk
Switch0(config-if)#exit
Switch0(config)#interface fastEthernet 0/2     //进入接口 Fa0/2
Switch0(config-if)#switchport mode access      //设置接口模式为 Access
Switch0(config-if)#switchport access vlan 10   //划分到总务处 VLAN 10
Switch0(config-if)#exit
Switch0(config)#interface fastEthernet 0/3     //进入接口 Fa0/3
Switch0(config-if)#switchport mode access      //设置接口模式为 Access
Switch0(config-if)#switchport access vlan 20   //划分到教务处 VLAN 20
Switch0(config-if)#exit
```

4. 设置二层交换机 Switch1 为 VTP 客户机

```
Switch1#vlan database
Switch1(vlan)#vtp client                       //配置 Switch1 为 VTP 客户机模式
Switch1(vlan)#vtp domain svtp                  //VTP 域名命名为 svtp
Switch1(vlan)#exit
```

5. 对二层交换机 Switch1 的各个接口进行配置

```
Switch1#configure terminal
Switch1(config)#interface fastEthernet 0/24    //进入接口 Fa0/24
Switch1(config-if)#switchport mode trunk       //设置接口模式为 Trunk
Switch1(config-if)#exit
Switch1(config)#interface fastEthernet 0/2     //进入接口 Fa0/2
```

```
Switch1(config-if)#switchport mode access      //设置接口模式为Access
Switch1(config-if)#switchport access vlan 10   //划分到总务处VLAN 10
Switch1(config-if)#exit
Switch1(config)#interface fastEthernet 0/3 //进入接口Fa0/3
Switch1(config-if)#switchport mode access      //设置接口模式为Access
Switch1(config-if)#switchport access vlan 20   //划分到教务处VLAN 20
Switch1(config-if)#exit
```

6. 测试相同和不同VLAN间的计算机连通情况

测试从总务处PC0-VLAN 10到总务处PC2-VLAN 10的连通测试:

```
PC>ping 192.168.10.20
Pinging 192.168.10.20 with 32 bytes of data:
Reply from 192.168.10.20:bytes=32 time=16ms TTL=128
Reply from 192.168.10.20:bytes=32 time=0ms TTL=128
Reply from 192.168.10.20:bytes=32 time=0ms TTL=128
Reply from 192.168.10.20:bytes=32 time=0ms TTL=128

Ping statistics for 192.168.10.20:
    Packets:Sent=4,Received=4,Lost=0(0% loss),
Approximate round trip times in milli-seconds:
    Minimum=0ms,Maximum=16ms,Average=4ms
```

测试从总务处PC0-VLAN 10到教务处PC1-VLAN 20的连通测试:

```
PC>ping 192.168.20.10
Pinging 192.168.20.10 with 32 bytes of data:
Request timed out.
Request timed out.
Request timed out.
Request timed out.
Ping statistics for 192.168.20.10:
    Packets:Sent=4,Received=0,Lost=4(100% loss)
```

经过上述测试,可以发现相同VLAN间的PC可以互通,不同VLAN间的PC不能通信。

7. 对路由器Router0的接口Fa0/0进行配置

```
Router#configure terminal
Router(config)#interface fastEthernet 0/0          //进入接口Fa0/0
Router(config-if)#no ip address                    //清除IP地址
Router(config-if)#no shutdown                      //激活接口
Router(config-if)#interface fastEthernet 0/0.1 //定义第1个子接口
Router(config-subif)#encapsulation dot1q 10      //封装DOT1Q协议,
```

并将此子接口与 VLAN 10 关联

Router(config-subif)#ip address 192.168.10.1 255.255.255.0 // 配置第 1 个子接口的 IP 地址

Router(config-subif)#interface fastEthernet 0/0.2 // 定义第 2 个子接口

Router(config-subif)#encapsulation dot1q 20 // 封装 DOT1Q 协议，并将此子接口与 VLAN 20 关联

Router(config-subif)#ip address 192.168.20.1 255.255.255.0 // 配置第 2 个子接口的 IP 地址

Router(config-subif)#exit

8. 测试不同 VLAN 间的计算机连通情况

测试从总务处 PC0-VLAN 10 到教务处 PC1-VLAN 20 的连通测试：

PC>ping 192.168.20.10（结果：通）

测试从总务处 PC0-VLAN 10 到教务处 PC3-VLAN 20 的连通测试：

PC>ping 192.168.20.20（结果：通）

经过上述测试可以发现，路由器通过与一台二层交换机连接，可以实现不同 VLAN 间 PC 的通信，其他交换机也可以连接到这台交换机上以实现不同 VLAN 间的 PC 通信，即实现了局域网内所有 PC 的相互通信。

小提示

如果划分 VLAN 可以隔离广播域，那么通过路由器的虚拟子接口就可以实现不同 VLAN 间的路由。本任务中，将两台二层交换机设置为工作在两个不同的 VLAN 时，逻辑上已经成为两个网络，广播被隔离了。两个不同 VLAN 间的网络要通信，必须通过路由器，如果接入路由器只有一个物理端口，则必须有两个虚拟子接口分别与两个 VLAN 对应，同时还要求与路由器相连的交换机的端口要设置为 Trunk 模式，其他交换机与这台交换机相连的端口也都要设置为 Trunk 模式，因为这些端口要通过不同 VLAN 的数据包，确保数据包的正常传输。

项目十二　冗余链路配置

为了保持网络的稳定性，在多台二层或者三层交换机组成的网络环境中，通常都使用一些备份连接，以提高网络的健壮性、稳定性，这里的备份连接也称为备份链路或者冗余链路。虽然网络设计中冗余链路必不可少，但是随意地、不规范地添加冗余链路，会生成环路故障，影响通信。如何处理好使用冗余链路的利弊关系，就是本项目中要介绍的生成树协议STP（Spanning-Tree Protocol）。

任务1　生成树的基本配置

学习目标

1. 理解冗余链路及相关知识点。
2. 熟悉生成树协议基本原理。
3. 掌握生成树协议配置方法。

任务描述

本任务将通过以下实例，完成生成树的基本配置练习：

学院的就业处及财务处计算机分别通过两台交换机接入到校园，由于这两部门平时经常有业务往来，要求保持两部门的网络畅通。为了提高网络的可靠性，网络管理员要用2条链路将交换机互联。其中，一条（Fa0/1）为备用线路，另一条（Fa0/3）作为专线，交换机Switch0为根交换机。现要求利用STP手段，在交换机上做适当配置，使网络既有冗余又避免环路。

实验拓扑如图12—1所示。

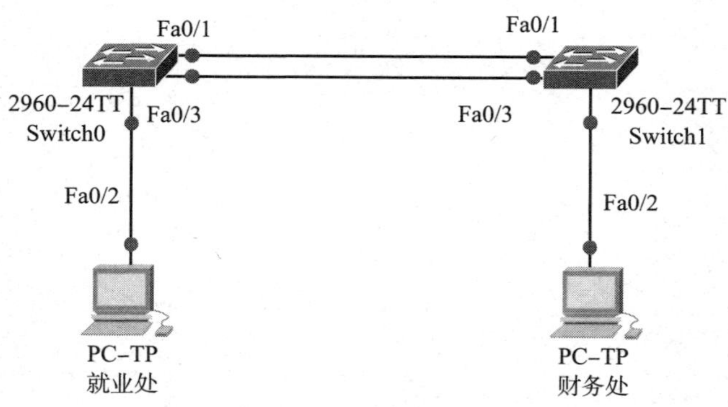

图12—1　实验拓扑图

相关知识

一、冗余链路

1. 冗余链路的优点

冗余链路具有容错特性和伸缩性。网络设计者在拓扑设计初期，肯定会将冗余链路作为最重要的一个环节，否则这个网路将非常脆弱。如图 12—2 和图 12—3 所示，没有冗余网路，一个单点网路一旦出现设备故障，整个网络无法正常运行。如果是大的金融公司、电信公司甚至国防部门出现这样的问题，结果将是毁灭性的。因此，为了让网络拥有较高的可靠性，我们希望一旦网络出现故障，设备马上可以从故障中恢复，或者说马上启用另一条备用线路，让客户感受不到故障的影响。

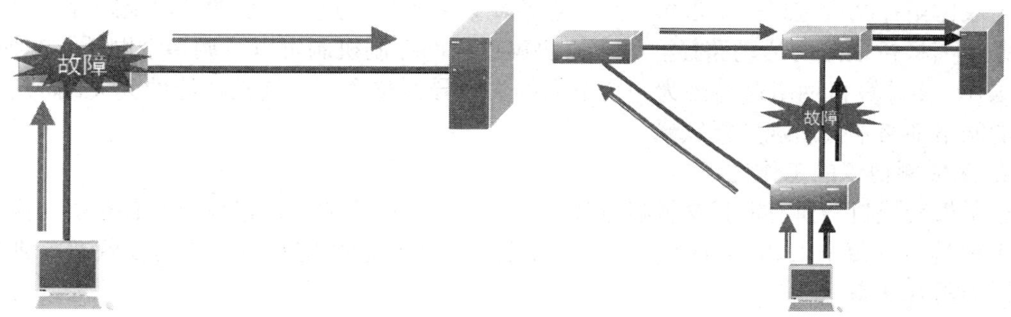

图 12—2　单点故障示意图　　　　图 12—3　冗余链路解决单点故障问题图

2. 冗余链路的缺点

如图 12—4 所示，没有采取任何措施，盲目地增加冗余链路，会导致网络出现环路而瘫痪。导致这个问题的原因是因为交换机所有的接口都处于同一个广播域中，环路会造成广播风暴、多帧复制、MAC 地址表不稳定等问题。

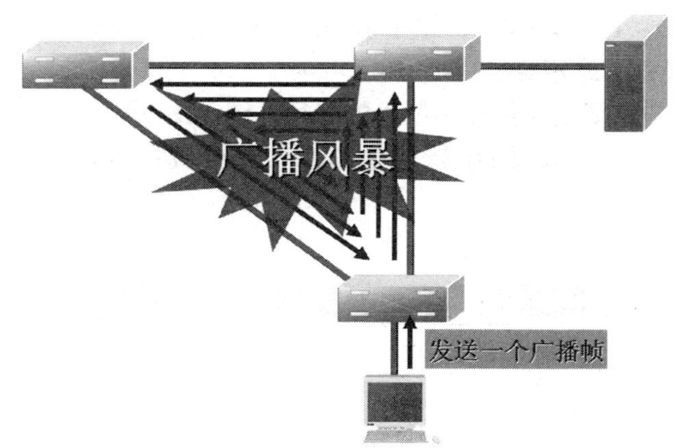

图 12—4　环路导致一系列问题

解决办法是选择生成树协议，阻塞多余的冗余端口。生成树协议的目的是维持一个无回路的网络。

二、生成树协议

生成树协议的主要功能有两个：一是利用生成树算法，在以太网络中创建一个以某台交换机的某个端口为根的生成树，避免环路；二是在以太网络拓扑发生变化时，通过生成树协议达到收敛保护的目的。

1. 拓扑结构的思路

不论网桥（交换机）之间采用怎样的物理连接，网桥（交换机）能够自动发现一个没有环路的拓扑结构的网路，这个逻辑拓扑结构的网路必须是树型的。

生成树协议还能够确定有足够的连接通向整个网络的每一个部分。所有网络节点要么进入转发状态，要么进入阻塞状态，从而建立整个局域网的生成树。

当首次连接网桥或者网络结构发生变化时，网桥都将进行生成树拓扑的重新计算。为稳定的生成树拓扑结构选择一个根桥，从一点传输数据到另一点，出现两条以上路径时只能选择一条距离根桥最短的活动路径。生成树协议这样的控制机制可以协调多个网桥（交换机）共同工作，使计算机网络避免因为一个节点的失败导致整个网络连接功能的丢失，而且冗余设计的网络环路不会出现广播风暴。

2. 生成树协议的工作过程

选举根交换机→所有非根交换机选择一条到达根交换机的最短路径→所有非根交换机产生一个根端口→每个 LAN 确定指定端口→将所有根端口和指定端口设为转发状态→将其他端口设为阻塞状态。

3. 根交换机的选择

Bridge ID 最小的交换机为根交换机。其中，Bridge ID 是指每个交换机唯一的桥 ID，由交换机优先级和 MAC 地址组合而成。选择时：

（1）先比较交换机的优先级，交换机的优先级越小则 Bridge ID 就越小。

（2）交换机的优先级相等时，比较 MAC 地址，MAC 地址越小则 Bridge ID 就越小。

交换机优先级可以由用户设定，交换机的默认优先级均为 32 768。其取值范围为 4 096 的整数倍，分别是（0 ~ 15）× 4 096，最小值为 0，最大值为 61 440。

4. 选择到根交换机的最短路径

（1）总体上选择的原则是寻找开销最小的路径（图 12—5）。

（2）如果路径开销相同，则比较发送 BPDU 交换机的 Bridge ID，即 MAC 地址（图 12—6）。

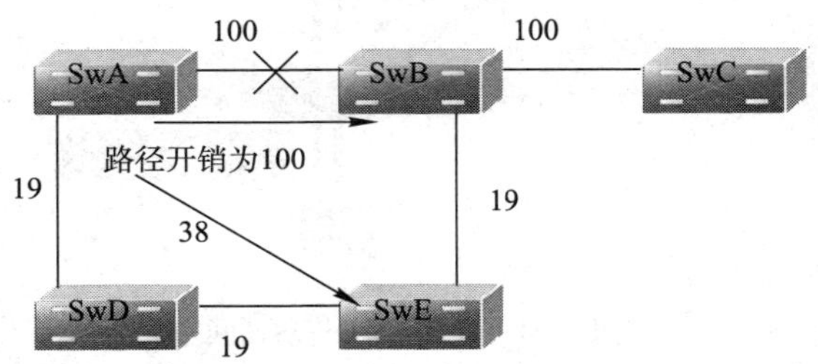

图 12—5　选择最小开销的路径

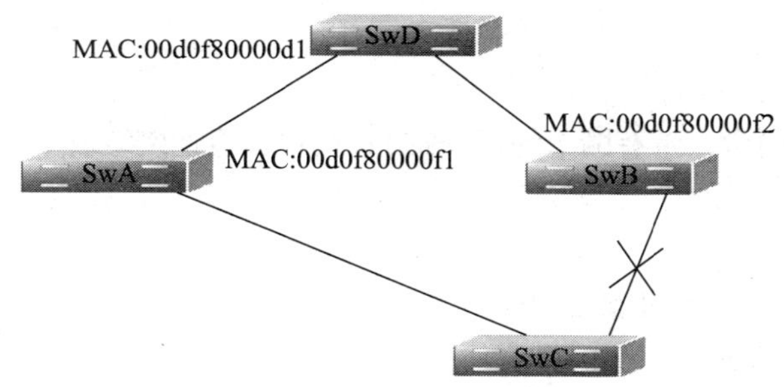

图 12—6　选择最小桥 ID

5. 生成树协议端口的状态

（1）Blocking 或 Discarding（阻塞）

接收 BPDU，不学习 MAC 地址，不转发数据帧。

（2）Listening（侦听）

接收 BPDU，不学习 MAC 地址，不转发数据帧，但交换机向其他交换机通告该端口，参与选举根端口或指定端口。

（3）Learning（学习）

接收 BPDU，学习 MAC 地址，以扩散 Flooding 的方式转发数据帧。

（4）Forwarding（转发）

正常转发数据帧。

三、STP 配置命令

1. 配置生成树协议 STP

```
Switch(config)#Spanning-tree
Switch(config)#Spanning-tree mode stp
```

2. 配置交换机优先级

```
Switch(config)#spanning-tree priority priority
```

其中：priority 取值范围为 0 到 61 440，按 4 096 的倍数递增，缺省值为 32 768。

3. 配置端口优先级

```
Switch(config-if)#spanning-tree port-priority priority
```

其中：priority 取值范围为 0 到 240，按 16 的倍数递增，缺省值为 128。

任务实施

在两台交换机上分别启动生成树协议，使两条链路中的一条处于工作状态，另一条处于备份状态。当工作链路出现问题时，备份链路在最短时间内投入使用，保证网络畅通。

为了保证双绞线专线优先于双绞线工作，需设置专线口优先级高于双绞线端口，保证正常情况下，优先使用双绞线专线。

一、设备准备

路由器 Cisco 2960 两台，带有网卡的工作站 PC 两台，直连网线若干，控制台电缆若干条。

二、实施过程

根据图 12—1，具体配置步骤如下：

1. 配置交换机 Switch0

第 1 步：启用交换机生成树协议。

```
Switch0(config)#spanning-tree
```

第 2 步：生成树模式设置为 802.1d。

```
Switch0(config)#spanning-tree mode stp
```

第 3 步：SwitchA 为根交换机，设置 SwitchA 优先级高于 SwitchB。

```
Switch0(config)#spanning-tree priority 4096
```

第 4 步：为使端口 Fa0/3 优先于 Fa0/1 工作，设置 Fa0/3 端口优先级优先于 Fa0/1 端口优先级。

```
Switch0(config)#int fa 0/3
Switch0(config-if)#spanning-tree port-priority 32
Switch0(config-if)#exit
Switch0(config)#
```

默认值：STP Priority 32768，STP port Priority 128。

2. 配置交换机 Switch1

第 1 步：启用交换机生成树协议。

```
Switch1(config)#spanning-tree
```

第 2 步：生成树模式设置为 802.1d。

```
Switch1(config)#spanning-tree mode stp
```

第 3 步：为使端口 Fa0/3 优先于 Fa0/1 工作，需设置 Fa0/3 端口优先级优先于 Fa0/1 端口优先级。

```
Switch1(config)#int fa 0/3
Switch1(config-if)#spanning-tree port-priority 32
Switch1(config-if)#exit
```

默认值：STP Priority 32768，STP port Priority 128。

任务 2　RSTP 快速生成树的配置方法

学习目标

1. 熟悉快速生成树协议基本原理。
2. 掌握快速生成树协议配置方法。

任务描述

本任务将使用 RSTP 快速生成树协议完成上一任务。

相关知识

一、什么是 RSTP

快速生成树协议 RSTP 由 IEEE 802.1w 定义，在 STP 的基础上做了很多改进，主要是加快了网络拓扑变化时的收敛速度。RSTP 的端口角色相对于 STP 而言也有了一些变化，主要是为根端口和指定端口各增加了一个备份端口，分别为替换端口（Alternate Port）和备份端口（Backup Port）。

二、RSTP 配置命令

配置 RSTP：

```
Switch(config)#Spanning-tree
Switch(config)#Spanning-tree mode stp
```

查看生成树信息：

```
Switch#show spanning-tree
```

任务实施

1. 配置交换机 Switch0

第 1 步：启用交换机生成树协议。

```
Switch0(config)#spanning-tree
```

第 2 步：生成树模式设置为 RSTP。

```
Switch0(config)#spanning-tree mode rstp
```

第 3 步：SwitchA 为根交换机，设置 SwitchA 优先级高于 SwitchB。

```
Switch0(config)#spanning-tree priority 4096
```

第 4 步：为使端口 Fa0/3 优先于 Fa0/1 工作，设置 Fa0/3 端口优先级优先于 Fa0/1 端口优先级。

```
Switch0(config)#int fa 0/3
Switch0(config-if)#spanning-tree port-priority 32
Switch0(config-if)#exit
Switch0(config)#
```

默认值：STP Priority 32768，STP port Priority 128，数值越小优先级越高。

2. 配置交换机 Switch1

第 1 步：启用交换机生成树协议。

```
Switch1(config)#spanning-tree
```

第 2 步：生成树模式设置为 RSTP。

```
Switch1(config)#spanning-tree mode rstp
```

第 3 步：为使端口 Fa0/3 优先于 Fa0/1 工作，需设置 Fa0/3 端口优先级优先于 Fa0/1 端口优先级。

```
Switch1(config)#int fa 0/3
Switch1(config-if)#spanning-tree port-priority 32
Switch1(config-if)#exit
```

默认值：STP Priority 32768，STP port Priority 128。

任务 3　MSTP 多生成树配置方法

学习目标

1. 熟悉多生成树协议基本原理。
2. 掌握多生成树协议配置方法。

任务描述

本任务将通过以下实例，完成 MSTP 多生成树配置练习：

学院的教务处、就业处及学生处的计算机分别通过三台交换机接入到校园，这三台交换机又彼此通过双绞线连接。为了提高网络的可靠性，要求网络管理员设置 MSTP 来避免环路带来的负面影响，增加快速收敛。

MSTP 实验拓扑如图 12—7 所示。

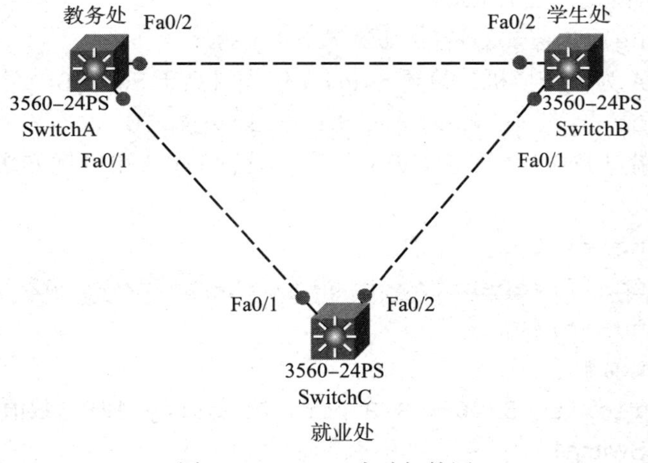

图 12—7　MSTP 实验拓扑图

相关知识

一、什么是 MSTP

MSTP 为多生成树协议，又是 IEEE 802.1 s 标准。MSTP 在继承了第一代生成树 RSTP 的优点（快速收敛）的基础上也实现了负载均衡的功能，而且它比 PVST 的收敛还要快，并且和 STP、RSTP、PVST 都是完全兼容的。

MSTP 在计算生成树的过程中，会为每个 VLAN 或每组 VLAN 计算一个生成树。一个组也就是一个实例，一个实例（也就是一个转发路径）的失效是不会影响其他实例的。

二、使用 MSTP 的原因

不管是 STP 还是 RSTP，在网络中进行生成树计算的时候都没有考虑到 VLAN 的情况。它们都是对单一生成树实例进行应用的。也就是说，在 STP 和 RSTP 中所有的 VLAN 都共享相同的生成树。

为了解决这一个问题，思科提出了第二代生成树——PVST、PVST+。按照 PVST 协议规定，每一个 VLAN 都有一个生成树，而且是每隔 2 s 就会发送一个 BPDU，这对于一个有着上千万个 VLAN 网络来说，一方面这么多生成树维护起来比较困难，另一方面，为每个 VLAN 每隔 2 s 就发送一个 BPDU，交换机也是难以承受的。

为了解决 PVST 带来的困难，思科又提出了第三代生成树——MST（MSTP）多生成树协议。MSTP 可以对网络中众多的 VLAN 进行分组，把 VLAN 分到组里。这里的组就是后面讲的 MST 实例（Instance）。每个实例一个生成树，BPDU 只对实例进行发送。这样就达到了负载均衡。

三、MSTP 相关命令

`spanning-tree mode mstp`：设置为 MSTP 模式。

`spanning-tree mst configuration`：进入 MSTP 配置状态。

`name MST`：命名树。

`revision 1`：配置 MST 的实例号。

`interface 0 vlan 10,20`：将 VLAN 的生成树映射到具体实例。

任务实施

本任务中将三台交换机配置 MSTP，实现冗余备份且消除环路影响。

一、实验设备

路由器 Cisco 3560 三台，网线若干，控制台电缆若干条。

二、配置过程

根据图 12—7，具体配置步骤如下：

1. 设置 Trunk 链路

```
SWC(config)#interface range fa 0/1-2
SWC(config-if-range)#switchport mode trunk
SWA(config)#interface range fa 0/1-2
SWA(config-if-range)#switchport mode trunk
SWB(config)#interface range fa 0/1-2
SWB(config-if-range)#switchport mode trunk
```

2. 各交换机创建 VLAN 10,20,30,40

命令省略。

3. 配置交换机 SWC

```
SWC(config)#spanning-tree mode mst          //把生成树模式改为MST
SWC(config)#spanning-tree
SWC(config)#spanning-tree mst configuration    //进入MST配置模式
SWC(config-mstp-region)#name MST               //命名为MST
SWC(config-mstp-region)#revision 1             //配 置MST的revison
```
号，只有名字和 revison 号相同的交换机才是同一个 MST 区域

```
SWC(config-mstp-region)#interface 1 vlan 10,20
```
把 VLAN 10, 20 的生成树映射到实例 1：

```
SWC(config-mstp-region)#interface 2 vlan 30,40
```
把 VLAN 30, 40 的生成树映射到实例 2：

```
SWC(config-mstp-region)#exit
SWA(config)#spanning-tree mst 1 priority 12288  //设置实例1的权限
SWA(config)#spanning-tree mst 2 priority 8192   //设置实例2的权限
```

4. 配置交换机 SWA

```
SWA(config)#spanning-tree mode mstp
SWA(config)#spanning-tree
SWA(config)#spanning-tree mst configuration
SWA(config-mstp-region)#name MST
SWA(config-mstp-region)#revision 1
SWA(config-mstp-region)#interface 1 vlan 10,20
```
把 VLAN 10, 20 的生成树映射到实例 1：

```
SWA(config-mstp-region)#interface 2 vlan 30,40
```
把 VLAN 30, 40 的生成树映射到实例 2：

```
SWA(config-mstp-region)#exit
SWA(config)#spanning-tree mst 1 priority 8192   //设置实例1的权限
SWA(config)#spanning-tree mst 2 priority 12288
```

配置完以后，输入测试命令：

```
SW#show spanning-tree mst
SW#show spanning-tree mst 1
SW#show spanning-tree mst detail
```

小提示

第一代的生成树协议：STP 和 RSTP，没有考虑 VLAN 的情况，所有的 VLAN 都共享相同的生成树。

第二代的生成树协议：PVST、PVST+，每一个 VLAN 有一个生成树。

第三代的生成树协议：MSTP，将多个 VLAN 分到组里面，每个组共享一个生成树。

项目十三　VRRP（虚拟路由器冗余协议）

VRRP（虚拟路由器冗余协议）是一种互联网协议，它可以提供一个或多个备份路由器来保证数据在传输过程中不会丢失。它几乎不需要额外的设备，只需要支持该协议的路由器就可以完成组网。所有参与数据传输的路由器都被绑定在一个虚拟的 VRRP（IP）地址。对于 VRRP 而言，可以由一组主路由器和很多的备份路由器组成一个网络。如果有一个路由器在网络中因为某种原因失效，马上就有一个备份的路由器接管转发工作。VRRP 可以理解为是开放式的 HSRP 路由热备份协议（思科持有专利）。现实环境中，工程师经常利用 VRRP 配合 MSTP 用于优化整个网络，实现负载平衡。

任务　VRRP 协议基本配置命令

学习目标

1. 理解 VRRP 的工作原理。
2. 掌握 VRRP 基本配置命令。
3. 完成实例任务的配置（使用路由器或者三层设备实现）。

任务描述

学校信息中心有一台服务器，担任学校 OA 系统、FTP、校园网内网等系统的运行工作，由于集多个功能于一身，服务器的日访问量比较大，对网络的可靠性要求比较高。如果作为默认网关的路由器出现故障，那么所有使用该网关为下一跳的主机通信必然要中断。如果设置多个默认网关，不重启终端设备，也是不能自动切换到新的网关，并且学校的大部分师生没有专业的网络知识，逐一地通知指导相关师生进行手工操作是不现实的。

采取给作为默认网关的路由器添加一个备份路由器的方式，通过 VRRP 的形式实现路由热备份。当一组路由器出现故障时，另外一组路由器在几秒内马上开始代替工作。作为用户不会感觉到网络的长时间断开，也不必自己动手对本地连接进行任何操作。

此外，还可以结合 MSTP 实现负载均衡，优化整个网络，减轻单个路由器的工作负担，提高用户网络使用速度（负载均衡不在本任务中详述）。

本任务模拟在一台教师 PC 上通过一个 VRRP 网络访问服务器的过程，无论切断的是 R1 线路还是 R2 线路，都不会影响教师 PC 对服务器的正常访问。

实验拓扑图如图 13—1 所示。

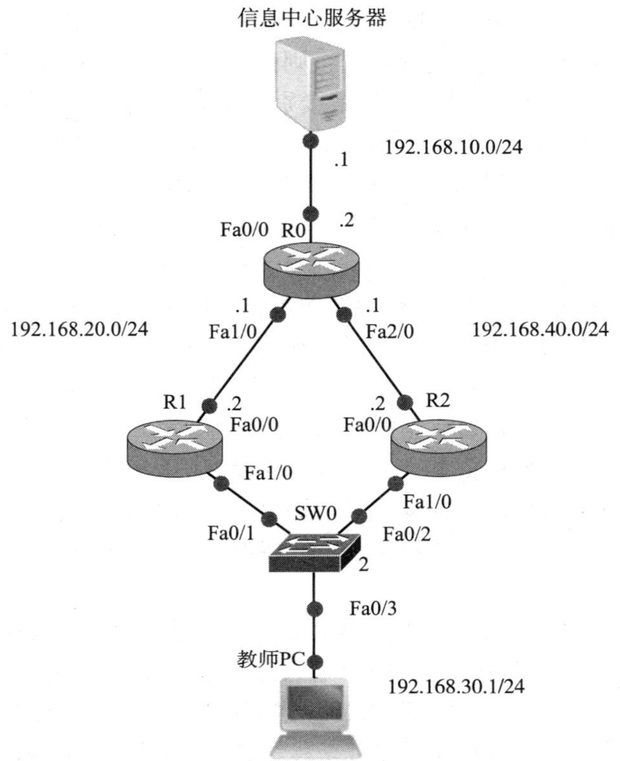

图 13—1　使用路由器实现 VRRP 实验拓扑图

相关知识

一、VRRP 的工作原理

1. VRRP 的实现方式

（1）VRRP 将局域网的一组路由器构成一个备份组，相当于一台虚拟路由器。局域网内的主机只需要知道这个虚拟路由器的 IP 地址，并不需知道具体某台设备的 IP 地址，将网络内主机的缺省网关设置为该虚拟路由器的 IP 地址，主机就可以利用该虚拟网关与外部网络进行通信。

（2）VRRP 将该虚拟路由器动态关联到承担传输业务的物理路由器上，当该物理路由器出现故障时，再次选择新路由器来接替业务传输工作，整个过程对用户完全透明，实现了内部网络和外部网络不间断通信。

2. VRRP 的主要特性

在 VRRP 中最主要的特性包括 VRRP 路由器权限级别和抢占、VRRP 通告、VRRP 对象追踪、VRRP 认证。

（1）VRRP 路由器权限级别和抢占

VRRP 冗余方案的一个重要特征就是 VRRP 路由器权限级别。权限级别决定了每个

VRRP 路由器在虚拟主路由器失效时哪一个作为备份的路由器。如果一个 VRRP 路由器的物理接口 IP 地址与 VRRP 虚拟的 IP 地址相同，则认为它是虚拟路由器 IP 地址拥有者，会自动成为虚拟主路由器。 VRRP 路由器的权限级别也决定了在虚拟主路由器失效时备份路由器可能成为新的虚拟主路由器。使用 vrrp priority 命令为每个备份路由器配置 1 ~ 254 的优先级，255 是最高优先级，是虚拟路由器 IP 地址拥有者的优先级，不可使用。一个网络往往由一个虚拟主路由器和多个备份路由器组成，一旦主路由器失效，多个备份路由器要通过选举形成新的主路由器。假设备份路由器 Router A、Router B，这两台路由器的优先级分别配置为 120、100，这时 Router A 将被选举为新的虚拟主路由器，因为它的优先级更高。如果 Router A 和 Router B 这两台路由器的优先级都配置为 100，这时就需要比较这两台路由器的 IP 地址了，IP 地址大的将成为主路由器。默认情况下，具有更高权限级别的备份路由器可以接管当前的虚拟主路由器，而成为新的虚拟主路由器。

使用 no vrrp preempt 命令禁止 VRRP 路由器的抢占功能。如果禁止了抢占功能，则选举成为新的虚拟主路由器的备份路由器将一直保持虚拟主路由器角色，直到原来的虚拟主路由器恢复，重新成为虚拟主路由器。一般情况下，建议开启抢占功能。

（2）VRRP 通告

启用了 VRRP 后，虚拟主路由器发送 VRRP 通告到其他 VRRP 路由器，向其他路由器传递虚拟主路由器的优先级和状态。VRRP 通告封装在 IP 包中，并用分配给 VRRP 组的多播 IP 地址进行发送，VRRP 通告会按配置的发送时间间隔向 VRRP 组中的每个备份路由器发送。尽管 VRRP 按照 RFC 3786 是不支持毫秒级计时器的，但在 Cisco 路由器中仍允许配置毫秒级计时器。需要手动在虚拟主路由器和备份路由器上配置毫秒级计时器。要注意的是，在备份路由器上使用 show vrrp 命令显示的虚拟主路由器通告计时器值总为 1 s，因为备份路由器不接受毫秒时间值。

（3）VRRP 对象追踪

对象追踪是一个独立管理创建、监控和删除被跟踪对象（如接口线路协议状态）的进程。每个被追踪的对象由一个唯一的号码标识。追踪进程会周期性地变换追踪被追踪的对象，并注意它们的任何参数值的改变。一旦被追踪的对象发生任何改变，则会通知 VRRP。

VRRP 也可仅追踪特定的对象，如接口（路由器 S 口）、线路协议、IP 路由状态和路由的可达性。每个 VRRP 组可以追踪多个可能影响 VRRP 路由器优先级的对象，只需要指出其要追踪的对象号，VRRP 就会在被追踪对象发生信号改变时得到通知，然后 VRRP 会根据相应的状态改变减小或者增加虚拟路由器的优先级。

（4）VRRP 认证

为了验证从其他路由器组中接收到的虚拟路由器冗余协议的数据包，使用 VRRP 认证在接口配置模式命令。MD5 认证提供了比较高的安全性。MD5 认证允许每个 VRRP 路由器组成员使用 MD5 的加密方式产生一个加密的 MD5 哈希值，并作为数据包的一部分。从另外的 VRRP 路由器流入的数据包也会产生一个加密 MD5 哈希值，将两边的加密哈希值进行比对，如果不一致，则这个数据包将被忽略。如果比对结果一致，VRRP 路由器将认为该包是从相同认证配置的 VRRP 路由器发来的 VRRP 包。一般的局域网搭建不一定需要设置认证，但某些安全级别更高的部门建议使用。

二、VRRP 基本配置命令

1. 配置主要命令

（1）定义 VRRP 组：vrrp group-number ip virtual-ip-address。

group-number 表示要运行的 VRRP 的组号，范围是 0～255，在一个接口下可以同时运行多个 VRRP 组；ip 表示这个 VRRP 组要设置的虚拟 IP 地址，这个地址可以和接口地址相同，也可以不是任何一个接口的地址。

（2）配置指定 VRRP 路由器的优先级：vrrp group-number priority priority-value。

group-number 表示 VRRP 组号；priority-value 表示 VRRP 的优先级的值，范围是 1～254，值越大，优先级越高，缺省为 100。如果 VRRP 的虚拟 IP 地址和某个接口地址相同，这个接口的优先级自动设置为 255，此路由器必定是主路由器；如果 VRRP 的虚拟 IP 地址和任何一个接口地址都不相同，则根据 VRRP 优先级来确定哪个路由器是主路由器，优先级最高者成为主路由器。

（3）允许主虚拟路由器失效的情况下切换到备用虚拟路由器：vrrp group-number preempt。

group-number 表示虚拟路由器的 ID 号，范围是 0～255；在缺省情况下，可以抢先；如果配置了不可抢先，则在备用路由器的优先级高于主用路由器时，不会发生主备倒换。

（4）配置 VRRP 通告时间间隔：vrrp group advertise［msec］<interval>。

msec 表示将时间间隔的单位从秒变为毫秒；group 表示虚拟路由器的 ID 号，范围是 0～255；<interval> 表示 Master 发送 VRRP 通告的时间间隔，单位为秒时的范围为 1～255；单位为毫秒时的范围 100～1 000，缺省为 1 s。

（5）MD5 认证：vrrp group-number authentication md5 key_string password。

group-number 表示虚拟路由器的 ID 号，范围是 0～255；md5 指的是认证方式；key_string 是字符串；password 是等待输入的字符串式密码。

2. 验证命令

（1）查看 VRRP 详细配置信息：show vrrp all。

（2）查看 VRRP 简要配置信息：show vrrp brief。

（3）查看 VRRP 接口配置信息：show vrrp interface FastEthernet */*。

任务实施

通过对路由器 R1、R2 进行 VRRP 备份配置，不论是 R1 断开还是 R2 断开，教师计算机都可以顺利访问服务器。

一、实验设备

路由器 Cisco 3640 三台，二层交换 2950 一台，带网卡功能的计算机和服务器各一台，直连网线若干，控制台电缆若干。

二、配置过程

根据图 13—1，具体配置步骤如下：

1. 路由器 R0 上配置 IP 地址及动态路由

```
R0(config)#interface fastEthernet 0/0
R0(config-if)#ip address 192.168. 10. 2 255.255.255.0
R0(config-if)#no shutdown
R0(config)#interface fastEthernet 1/0
R0(config-if)#ip address 192.168. 20. 1 255.255.255.0
R0(config-if)#no shutdown
R0(config)#interface fastEthernet 2/0
R0(config-if)#ip address 192.168.40.1 255.255.255.0
R0(config-if)#no shutdown
R0(config)#router rip
R0(config-R0)#network 0.0.0.0
```

验证测试：查看接口状态和路由表

```
R0#show ip interface brief
Interface          IP-Address      OK? Method Status      Protocol
FastEthernet0/0    192.168.10.2    YES manual up           up
FastEthernet1/0    192.168.20.1    YES manual up           up
FastEthernet2/0    192.168.40.1    YES manual up           up

R0#show ip route
Codes:C-connected,S-static,R-RIP
      O-OSPF,IA-OSPF inter area
      E1-OSPF external type 1,E2-OSPF external type 2
Gateway of last resort is not set
C     192.168.10.0/24 is directly connected,FastEthernet0/0
C     192.168.40.0/24 is directly connected,FastEthernet2/0
C     192.168.20.0/24 is directly connected,FastEthernet1/0
```

2. 路由器 R1 上配置 IP 地址及动态路由

```
R1(config)#track 100 interface fastEthernet 0/0 line-protocol
//将 F0/0 端口定义为 100，为接下来的追踪命令做准备
R1(config)#interface fastEthernet 0/0
R1(config-if)#ip address 192.168.20.2 255.255.255.0
R1(config)#interface fastEthernet 1/0
R1(config-if)#ip add 192.168.30.5 255.255.255.0
R1(config-if)#vrrp 1 ip 192.168.30.254          //创建 VRRP 备份组 1，并
```

配置组 IP 地址

```
R1(config-if)#vrrp 1 priority 120      //设置优先级为 120，默认为 100
R1(config-if)#vrrp 1 preempt           //设置 VRRP 备份组处于抢占模式
R1(config-if)#vrrp 1 authentication md5 key-string 123  //MD5 加密
R1(config-if)#vrrp 1 track 100 decrement 30    //追踪 Fa0/0 接口
R1(config-if)#no shutdown
R1(config)#router rip
R1(config-router)#network 0.0.0.0
```

验证测试：验证 VRRP 备份组配置和路由表

```
R1 #show vrrp          //显示 VRRP 的相关配置信息
FastEthernet1/0-Group 1
State is Master    //表示当前 R1 为主备份
Virtual IP address is 192.168.30.254          //路由器虚拟 IP 地址
Virtual MAC address is 0000.5e00.0101         //路由器虚拟 MAC 地址
Advertisement interval is 1.000 sec           //默认通告时间
Preemption enabled                            //抢占模式启用
Priority is 120                               //权限 120
Master Router is 192.168.30.5(local),priority is 120
Master Advertisement interval is 1.000 sec
Master Down interval is 3.531 sec
R1#show ip route
Type: C-connected,S-static,R-RIP,O-OSPF,IA-OSPF inter area
      N1-OSPF NSSA external type 1,N2-OSPF NSSA external type 2
      E1-OSPF external type 1,E2-OSPF external type 2
Gateway of last resort is not set
C     192.168.30.0/24 is directly connected,FastEthernet1/0
R     192.168.10.0/24 [120/1] via 192.168.30.6,00:00:09,FastEth
      ernet1/0
                      [120/1] via 192.168.20.1,00:00:05,FastEthe
                      rnet0/0
R     192.168.40.0/24 [120/1] via 192.168.30.6,00:00:09,FastEth
      ernet1/0
                      [120/1] via 192.168.20.1,00:00:05,FastEthe
                      rnet0/0
C     192.168.20.0/24 is directly connected,FastEthernet0/0
```

3. 路由器 R2 上配置 IP 地址及动态路由

```
R2(config)#track 100 interface fastEthernet 0/0 line-protocol
```

```
// 将 Fa0/0 端口定义为 100，为接下来的追踪命令做准备
    R2(config)#interface fastEthernet 0/0
    R2(config-if)#ip address 192.168.40.2 255.255.255.0
    R2(config)#interface fastEthernet 1/0
    R2(config-if)#ip add 192.168.30.6 255.255.255.0
    R2(config-if)#vrrp 1 ip 192.168.30.254      // 创建 VRRP 备份组 1，并
配置组 IP 地址
    R2(config-if)#vrrp 1 preempt          // 设置 VRRP 备份组处于抢占模式
    R2(config-if)#vrrp 1 authentication md5 key-string 123  //MD5 加密
    R2(config-if)#vrrp 1 track 100 decrement 30  // 追踪 Fa0/0 接口
    R2(config-if)#no shutdown
    R2(config)#router rip
    R2(config-router)#network 0.0.0.0
```

4. 二层交换机在本实验中作为透明传输使用，不用进行任何配置，默认端口均处于 VLAN1 状态下

5. 验证测试

（1）验证 VRRP 备份组配置和路由表

```
R2 #show vrrp         // 显示 VRRP 的相关配置信息
FastEthernet1/0-Group 1
  State is backup    // 表示当前 R2 为次备份
  Virtual IP address is 192.168.30.254        // 路由器虚拟 IP 地址
  Virtual MAC address is 0000.5e00.0101      // 路由器虚拟 MAC 地址
  Advertisement interval is 1.000 sec        // 默认通告时间
  Preemption enabled                         // 抢占模式启用
  Priority is 120                            // 权限 120
  Master Router is 192.168.30.5(local),priority is 120
  Master Advertisement interval is 1.000 sec
  Master Down interval is 3.531 sec

R2#show ip route
Type: C-connected,S-static,R-RIP,O-OSPF,IA-OSPF inter area
      N1-OSPF NSSA external type 1,N2-OSPF NSSA external type 2
      E1-OSPF external type 1,E2-OSPF external type 2
Gateway of last resort is not set
C    192.168.30.0/24 is directly connected,FastEthernet1/0
R    192.168.10.0/24 [120/1] via 192.168.40.1,00:00:25,FastEther
     net0/0
C    192.168.40.0/24 is directly connected,FastEthernet0/0
R    192.168.20.0/24 [120/1] via 192.168.40.1,00:00:25,FastEther
```

```
net0/0
                    [120/1] via 192.168.30.5,00:00:22,FastEther
                    net1/0
```

（2）验证网络的稳定可靠性

C:\>ping 192.168.10.1　　　　// 从教师机 ping 服务器（图 13—2）

```
VPCS[3]> ping 192.168.10.1
192.168.10.1 icmp_seq=1 ttl=64 time=2.929 ms
192.168.10.1 icmp_seq=2 ttl=64 time=1.953 ms
192.168.10.1 icmp_seq=3 ttl=64 time=1.953 ms
192.168.10.1 icmp_seq=4 ttl=64 time=1.953 ms
192.168.10.1 icmp_seq=5 ttl=64 time=1.953 ms
```

图 13—2　ping 包发送接收成功

当 R1 或 R2 出故障（如关电源）时，验证网络仍然连通。

当备份组的 Master 主机出故障后，开始丢包，但是很快又恢复正常，此时 Backup 主机接管工作，开始转发数据。

三、使用三层交换机代替路由器实现 VRRP 路由器热备

使用三层交换机实现 VRRP 实验拓扑如图 13—3 所示。

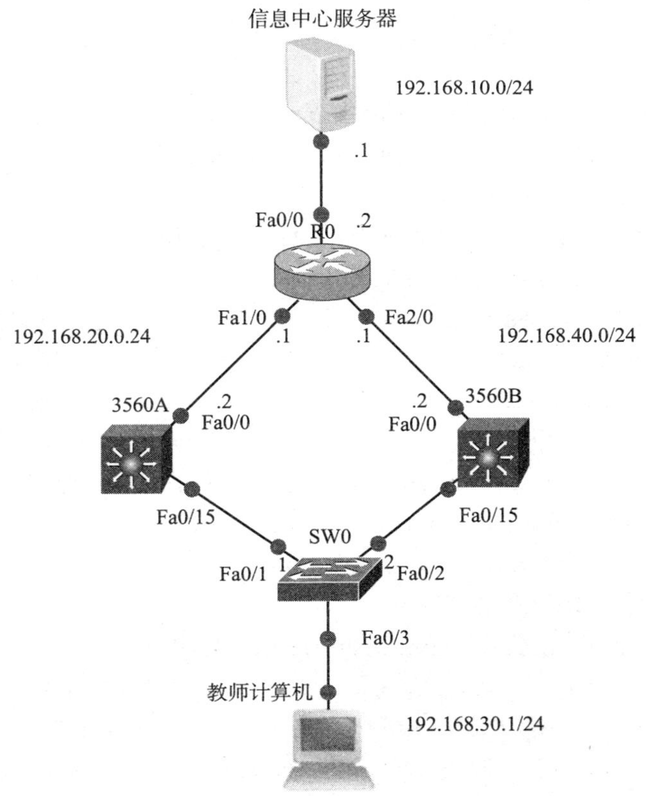

图 13—3　使用三层交换机实现 VRRP 实验拓扑图

由于该过程总体命令与上一个实验较为相似，故只列出 3560A 与 3560B 的配置代码。

1. 3560A 上配置 IP 地址及动态路由

```
3560A(config)#interface fastEthernet 0/0
3560A(config-if)#no switchport              // 设置端口 Fa0/0 为路由口
3560A(config-if)#no shutdown                // 打开端口
3560A(config-if)#ip address 192.168.20.2 255.255.255.0
3560A(config-if)#interface fastEthernet 0/15
3560A(config-if)#no switchport              // 设置端口 Fa0/15 为路由口
3560A(config-if)#ip add 192.168.30.5 255.255.255.0
3560A(config-if)#standby 1 ip 192.168.30.254      // 创建 VRRP 备份组
1，并配置组 IP 地址，注意这里命令不再是 VRRP
3560A(config-if)#standby 1 priority 120          // 设置优先级为 120，
默认为 100
3560A(config-if)#standby 1 preempt      // 设置 VRRP 备份组处于抢占模式
3560A(config-if)#standby 1 authentication md5 key-string 123
//MD5 加密
3560A(config-if)#no shutdown
3560A(config)#router rip
3560A(config-router)#network 0.0.0.0
```

验证测试：验证 VRRP 备份组配置和路由表

```
R1 #show standby          // 显示 VRRP 的相关配置信息
FastEthernet1/0-Group 1
  State is Master     // 表示当前 R1 为主备份
  Virtual IP address is 192.168.30.254         // 路由器虚拟 IP 地址
  Virtual MAC address is 0000.5e00.0101       // 路由器虚拟 MAC 地址
  Advertisement interval is 1.000 sec          // 默认通告时间
  Preemption enabled                           // 抢占模式启用
  Priority is 120                              // 权限 120
  Master Router is 192.168.30.5(local),priority is 120
  Master Advertisement interval is 1.000 sec
  Master Down interval is 3.691 sec
```

2. 3560B 上配置 IP 地址及动态路由

```
3560B(config)#interface fastEthernet 0/0
3560B(config-if)#no switchport              // 设置端口 Fa0/0 为路由口
3560B(config-if)#no shutdown                  // 打开端口
3560B(config-if)#ip address 192.168.40.2 255.255.255.0
3560B(config)#interface fastEthernet 0/15
3560B(config-if)#no switchport              // 设置端口 Fa0/0 为路由口
```

```
3560B(config-if)#no shutdown                    //打开端口
3560B(config-if)#ip add 192.168.30.6 255.255.255.0
3560B(config-if)#standby 1 ip 192.168.30.254  //创建VRRP备份组1,并配置组IP地址
3560B(config-if)#standby 1 authentication md5 key-string 123 //MD5加密
3560B(config-if)#standby 1 preempt  //设置VRRP备份组处于抢占模式
3560B(config-if)#no shutdown
3560B(config)#router rip
3560B(config-router)#network 0.0.0.0
```

小提示

1. 虚拟路由器

由一个 Master 路由器和多个 Backup 路由器组成。主机将虚拟路由器当作默认网关。

2. VRID

VRID 是虚拟路由器的标识。有相同 VRID 的一组路由器构成一个虚拟路由器。

3. Master 路由器

Master 路由器是虚拟路由器中承担报文转发任务的路由器。

4. Backup 路由器

Backup 路由器是 Master 路由器出现故障时，能够代替 Master 路由器工作的路由器。

5. IP 地址拥有者

接口 IP 地址与虚拟 IP 地址相同的路由器被称为 IP 地址拥有者。

6. 优先级

VRRP 根据优先级来确定虚拟路由器中每台路由器的地位。

7. 非抢占方式

如果 Backup 路由器工作在非抢占方式下，则只要 Master 路由器没有出现故障，Backup 路由器即使随后被配置了更高的优先级也不会成为 Master 路由器。

8. 抢占方式

如果 Backup 路由器工作在抢占方式下，当它收到 VRRP 报文后，会将自己的优先级与通告报文中的优先级进行比较。如果自己的优先级比当前的 Master 路由器的优先级高，就会主动抢占成为 Master 路由器；否则，将保持 Backup 状态。

VRRP 优先级的取值范围为 0～255（数值越大表明优先级越高），可配置的范围是 1～254，优先级 0 为系统保留给路由器放弃 Master 位置时候使用，255 则是系统保留给 IP 地址拥有者使用。当路由器为 IP 地址拥有者时，其优先级始终为 255。因此，当虚拟路由器内存在 IP 地址拥有者时，只要其工作正常，则为 Master 路由器。

项目十四　路由交换技术综合实验

任务1　综合实验一

学习目标

1. 掌握 VLAN 的配置。
2. 掌握端口聚合的配置。
3. 掌握使用静态路由配置方法实现网络间的通信。

任务描述

某职业学校原来的网络设备已老化，不能满足现代化的办公需求，领导决定对现有的网络设备进行改造。要求学校内的所有部门均能访问网络中心，并要求保证安全、稳定，还要强调网络的规范性和扩展性要求。

按照学校部门设置要求，设计如图 14—1 所示的校园网络拓扑结构。接入层采用二层交换机，保证用户合理接入，并通过两条上行链路连接到核心交换机，网络边缘采用一台路由器，用于连接到外部网络。

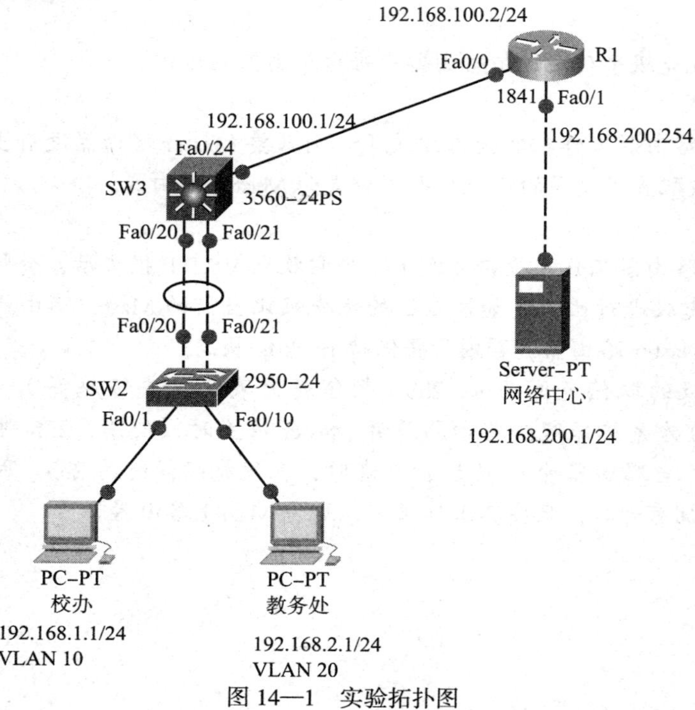

图 14—1　实验拓扑图

任务实施

一、设备准备

交换机 Cisco 2950 一台，交换机 Cisco 3560 一台，路由器 1841 一台，带有网卡的工作站 PC 四台，直通和交叉双绞线若干条，Console 线一条。

二、实施过程

1. 配置 IP 地址

按实验拓扑图 14—1 和表 14—1 正确连接设备，配置好 IP 地址。

表 14—1　网络设备接口及用途

网络设备	接口	用途	备注
交换机 SW2	Fa0/1 ~ Fa0/9	接校办	IP 地址：192.168.1.0/24
	Fa0/10 ~ Fa0/19	接教务处	IP 地址：192.168.2.0/24
	Fa0/20	接 SW3 的 Fa0/20	聚合口，Trunk 口
	Fa0/21	接 SW3 的 Fa0/21	聚合口，Trunk 口
交换机 SW3	Fa0/20	接 SW2 的 Fa0/20	聚合口，Trunk 口
	Fa0/21	接 SW2 的 Fa0/21	聚合口，Trunk 口
	Fa0/24	接 R1 的 Fa0/0	IP 地址：192.168.100.1/24
路由器 R1	Fa0/0	接 SW3 的 Fa0/24	IP 地址：192.168.100.2/24
	Fa0/1	接网络中心	IP 地址：192.168.200.1/24

2. 设备命名

为了管理网络设备，在网络设计时规定了每个网络设备的名称，依次为 SW2、SW3、R1。在全局配置模式下进行配置，以交换机 SW2 为例：

```
Switch>enable                              // 进入特权模式
Switch#configure terminal                  // 进入全局配置模式
Switch(config)#hostname SW2                // 交换机命名为 SW2
SW2(config)#
```

使用同样的配置命令依次把其他设备命名为 SW3、R1。

3. VLAN 划分配置

根据学校不同部门进行 VLAN 划分，按表 14—2 设置相应的接口。

表 14—2　VLAN 划分配置

部门	设备	VLAN ID	端口	IP 地址
校办	SW2	VLAN 10	Fa0/5 ~ Fa0/9	192.168.1.0/24
教务处	SW2	VLAN 20	Fa0/10 ~ Fa0/15	192.168.2.0/24
网络中心	SW3	VLAN 200	Fa0/24	192.168.200.0/24

（1）在 SW2 上创建 VLAN 10（校办使用），将 Fa0/1 ~ Fa0/9 端口加入 VLAN 10。

```
Switch>enable                                  //进入特权模式
Switch#configure terminal                      //进入全局配置模式
SW2(config)#vlan 10                            //创建 VLAN 10
SW2(config-vlan)#name xiaoban                  //VLAN 10 命名为“xiaoban”
SW2(config-vlan)#exit
SW2(config)#interface range f0/1-9             //进入 Fa0/1 至 Fa0/9 端口
SW2(config-if-range)#switchport access vlan 10
                                  //将 Fa0/1 至 Fa0/9 端口加入 VLAN 10
```

（2）在 SW2 上创建 VLAN 20（教务处使用），将 Fa0/10 ~ Fa0/19 端口加入 VLAN 20。

```
Switch>enable                            //进入特权模式
Switch#configure terminal                //进入全局配置模式
SW2(config)#vlan 20                      //创建 VLAN 20
SW2(config-vlan)#name jiaowuchu          //VLAN 20 命名为“jiaowuchu”
SW2(config-vlan)#exit
SW2(config)#interface range f0/10-19     //进入 Fa0/10 至 Fa0/19 端口
SW2(config-if-range)#switchport access vlan 20
                               //将 Fa0/10 至 Fa0/19 端口加入 VLAN 20
```

（3）设置 Trunk 口。交换机 SW2 和 SW3 的 Fa0/20 与 Fa0/21 口需要设置为 Trunk 口，以保证具有不同 VLAN 标记的数据包通过。

将交换机 SW2 的 Fa0/20 和 Fa0/21 口设置为 Trunk 口：

```
SW2(config)#interface range f0/20-21
SW2(config-if-range)#switchport mode trunk
```

将交换机 SW3 的 Fa0/20 和 Fa0/21 口设置为 Trunk 口：

```
SW3(config)#interface range f0/20-21
SW3(config-if-range)#switchport mode trunk
```

4. 端口聚合配置

为了提高两个交换机的通信带宽端口，增加吞吐量，在两个交换机之间通过多个端口并行连接同时传输数据，这就需要做端口聚合配置。交换机 SW2 和 SW3 的 Fa0/20–21 端口形成两条连接链路，将两条链路聚合成一条逻辑链路，配置如下：

```
//将交换机 SW2 设置的 Fa0/1 和 Fa0/2 端口进行链路聚合
SW2(config)#interface range f0/20-21
SW2(config-if-range)#channel-group 1 mode desirable
SW2(config-if-range)#exit
SW2(config)# interface port-channel 1
SW2(config-if)#switchport mode trunk

//将交换机 SW3 设置的 Fa0/1 和 Fa0/2 端口进行链路聚合
SW3(config)#interface range f0/20-21
```

```
SW3(config-if-range)#channel-group 1 mode desirable
SW3(config-if-range)#exit
SW3(config)# interface port-channel 1
SW3(config-if)#switchport mode trunk
```

使用命令可以查看聚合端口的相关信息：

```
SW3#show etherchannel  summary
Number of channel-groups in use:1
Number of aggregators:         1
Group  Port-channel  Protocol  Ports
------+-------------+-----------+--------------------
1  Po1(SU)          PAgP       Fa0/20(P)Fa0/21(P)
```

5. 配置三层交换机 SVI 虚接口

为保证各部门的数据通信，不同 VLAN 之间需要连接，所以必须设置各网络的网关地址，这里的网关地址是在三层设备上配置的该 VLAN 的 IP 地址，即三层交换机的 SVI 虚接口地址，汇聚层交换机 SW3 上各个 VLAN 的 IP 地址规划见表 14—3。

表 14—3　　SW3 上各个 VLAN 的 IP 地址规划

部门名称	SW3
校办	192.168.1.254
教务处	192.168.2.254

```
SW3(config)# vlan 10
SW3(config)#int vlan 10
SW3(config-if)#ip address 192.168.1.254 255.255.255.0
SW3(config-if)#no shutdown
SW3(config)# vlan 20
SW3(config-if)#int vlan 20
SW3(config-if)#ip address 192.168.2.254 255.255.255.0
SW3(config-if)#no shut
```

使用命令查看交换机 SW3 的路由表：

```
SW3#show ip route
Codes:C-connected,S-static,I-IGRP,R-RIP,M-mobile,B-BGP
      D-EIGRP,EX-EIGRP external,O-OSPF,IA-OSPF inter area
      N1-OSPF NSSA external type 1,N2-OSPF NSSA external type 2
      E1-OSPF external type 1,E2-OSPF external type 2,E-EGP
      i-IS-IS,L1-IS-IS level-1,L2-IS-IS level-2,ia-IS-IS inter
      area
      *-candidate default,U-per-user static route,o-ODR
      P-periodic downloaded static route
Gateway of last resort is not set
```

```
C       192.168.1.0/24 is directly connected,Vlan10
C       192.168.2.0/24 is directly connected,Vlan20
```

路由表中已有两个网段的路由信息，PC机192.168.1.1和PC机192.168.2.1已经可以ping通。

6. 为SW3和R1的端口指定IP地址，并在SW3和R1上使用静态路由，实现全网的互通

```
SW3(config)#int f 0/24
SW3(config-if)#no switchport                          //启用三层功能
SW3(config-if)#ip address 192.168.100.1 255.255.255.0
SW3(config-if)#no shutdown

R1#conf t
R1(config)#int f 0/0
R1(config-if)#ip add 192.168.100.2 255.255.255.0
R1(config-if)#no shut
R1(config-if)#int f 0/1
R1(config-if)#ip add 192.168.200.254 255.255.255.0
R1(config-if)#no shut

SW3(config)#ip route 192.168.200.0 255.255.255.0 192.168.100.2
//在SW3上设置静态路由，前往192.168.200.0网段的数据包转发给192.168.100.2
R1(config)#ip route 192.168.1.0 255.255.255.0 192.168.100.1
//在SW3上设置静态路由，前往192.168.1.0网段的数据包转发给192.168.100.1
R1(config)#ip route 192.168.2.0 255.255.255.0 192.168.100.1
//在SW3上设置静态路由，前往192.168.1.0网段的数据包转发给192.168.100.1
```

7. 任务测试

三台计算机均能互相ping通。

小提示

利用链路聚合可以提高交换机之间的传输带宽，并能实现链路冗余备份。当交换机SW2和SW3之间的一条链路断开时，网络仍能使用。

注意，在给VLAN设置IP地址前一定不要忘记先创建VLAN。

任务2　综合实验二

学习目标

1. 掌握NAPT的配置。

2. 掌握交换机 VLAN 虚端口的配置。

3. 掌握 ACL 配置。

任务描述

某职业学校为了改善网络环境，进一步做好网络安全工作，要求对现行网络进行改造，要求在全网配置静态路由实现全网互联，配置静态 NAPT，对外发布 Web/FTP 服务器，同时禁止教务处用户访问财务处计算机。根据需求分析，设计拓扑结构如图 14—2 所示。

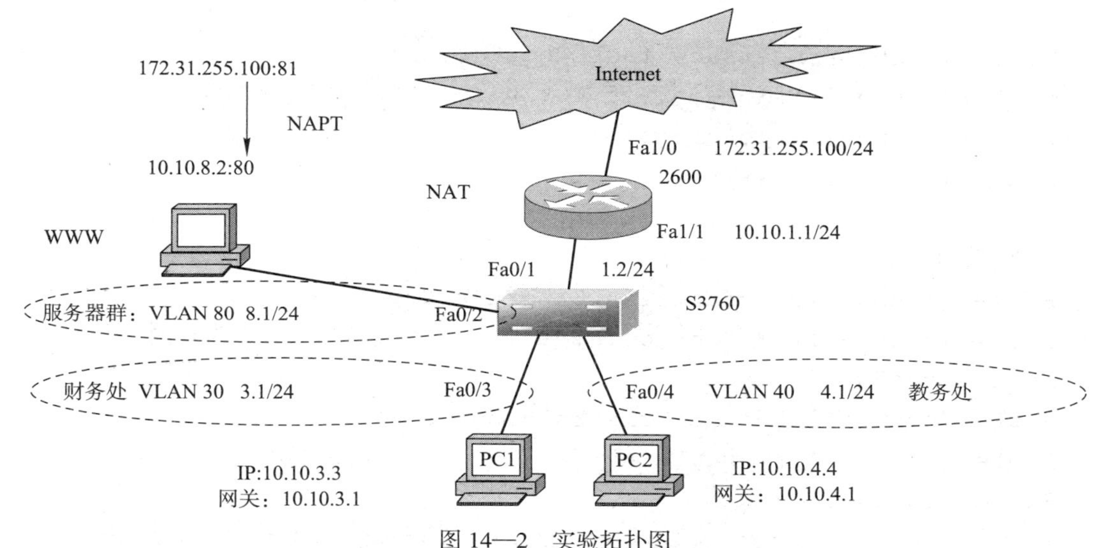

图 14—2 实验拓扑图

任务实施

一、设备准备

Cisco 3760 交换机一台，路由器 2600 一台，PC 机三台，服务器一台，双绞线若干，Console 线一条。

二、实施过程

按实验拓扑图 14—2 和表 14—4 正确连接设备，配置好 IP 地址，在核心交换机 S3760 上创建三个 VLAN，分别是 VLAN 30、VLAN 40 和 VLAN 80。

表 14—4

所属部门	VLAN 编号	VLAN 名称	VLAN 管理 IP	包含端口
财务处	30	cwc	10.10.3.1/24	Fa0/3，5～10
教务处	40	jwc	10.10.4.1/24	Fa0/4，11～15
服务器群	80	server	10.10.8.1/24	Fa0/2，16～20

1. 配置路由器 2600

```
Router>enable
Router#configure terminal
# 配置路由器端口 IP 掩码
Router(config)#interface fastEthernet 0/0
Router(config-if)#ip address 172.31.255.100 255.255.255.0
Router(config-if)#no shutdown
Router(config-if)#exit

Router(config)#interface fastEthernet 0/1
Router(config-if)#ip address 10.10.1.1 255.255.255.0
Router(config-if)#no shutdown
Router(config-if)#exit

// 配置 NATP
Router(config)#interface fastEthernet 0/0
Router(config-if)#ip nat outside          // 设置 Fa0/0 为外网 IP 接口
Router(config-if)#exit
Router(config)#interface fastEthernet 0/1
Router(config-if)#ip nat inside           // 设置 Fa0/0 为内网 IP 接口
Router(config-if)#exit
Router(config)#ip nat inside source list 10 interface
fastEthernet 0/0 overload
Router(config)#access-list 10 permit 10.10.8.0 0.0.0.255
Router(config)#access-list 10 permit 10.10.3.0 0.0.0.255
Router(config)#access-list 10 permit 10.10.4.0 0.0.0.255

// 静态端口映射 WWW 10.10.8.2:80→ 172.31.255.100:81 及 FTP
Router(config)#ip nat inside source static tcp 10.10.8.2 80
172.31.255.100 81     //TCP 协议下的 80 端口服务 WWW 服务端口映射
Router(config)#ip nat inside source static tcp 10.10.8.2 21
172.31.255.100 21     //TCP 协议下的 21 端口服务 FTP 服务端口映射
Router(config)#ip nat inside source static tcp 10.10.8.2 20
172.31.255.100 20     //TCP 协议下的 20 端口服务 FTP 服务端口映射
Router(config)#interface fastEthernet 0/0
Router(config-if)#ip nat outside
Router(config-if)#exit
Router(config)#interface fastEthernet 0/1
Router(config-if)#ip nat inside
```

```
Router(config-if)#exit

//静态路由 & 默认路由
Router(config)#ip route 10.10.8.0 255.255.255.0 10.10.1.2
Router(config)#ip route 10.10.3.0 255.255.255.0 10.10.1.2
Router(config)#ip route 10.10.4.0 255.255.255.0 10.10.1.2
Router(config)#ip route 0.0.0.0 0.0.0.0 fastEthernet 0/0

//保存配置
Router(config)#exit
Router#write

============================================================
============================================================
============================================================
```

2. 配置交换机 S3760

```
Switch>enable
Switch#configure terminal

//创建 VLAN 并命名(包括网关 VLAN 254,Fa0/1)
Switch(config)#vlan 30
Switch(config-vlan)#name cwc          //教务处所在 VLAN
Switch(config-vlan)#exit

Switch(config)#vlan 40
Switch(config-vlan)#name jwc          //财务处所在 VLAN
Switch(config-vlan)#exit

Switch(config)#vlan 80
Switch(config-vlan)#name server
Switch(config-vlan)#exit

Switch(config)#vlan 254
Switch(config-vlan)#name getaway
Switch(config-vlan)#exit

//创建 VLAN 端口组
Switch(config)#interface range fastEthernet 0/3,fastEthernet
0/5-10
```

```
Switch(config-if-range)#switchport access vlan 30
Switch(config-if-range)#exit

Switch(config)#interface range fastEthernet 0/4,fastEthernet 0/11-15
Switch(config-if-range)#switchport access vlan 40
Switch(config-if-range)#exit

Switch(config)#interface range fastEthernet 0/2,fastEthernet 0/16-20
Switch(config-if-range)#switchport access vlan 80
Switch(config-if-range)#exit

Switch(config)#interface fastEthernet 0/1
Switch(config-if)#switchport access vlan 254
Switch(config-if)#exit

//创建VLAN虚接口，配置IP作为网关（包括网关VLAN 254,Fa0/1）
Switch(config)#interface vlan 30
Switch(config-if)#ip address 10.10.3.1 255.255.255.0
Switch(config-if)#exit

Switch(config)#interface vlan 40
Switch(config-if)#ip address 10.10.4.1 255.255.255.0
Switch(config-if)#exit

Switch(config)#interface vlan 80
Switch(config-if)#ip address 10.10.8.1 255.255.255.0
Switch(config-if)#exit

Switch(config)#interface vlan 254
Switch(config-if)#ip address 10.10.1.2 255.255.255.0
Switch(config-if)#exit

//禁止教务处访问财务处，禁止10.10.4.1/24访问10.10.3.1/24，注意通配符
Switch(config)#access-list 101 deny ip 10.10.4.1 0.0.0.255 10.10.3.1 0.0.0.255
Switch(config)#access-list 101 permit ip any any //其他IP通信允许
Switch(config)#interface vlan 30
```

```
Switch(config-if)#ip access-group 101 out //注意方向是 OUT
Switch(config-if)#exit

//默认路由 to Router to Internet
Switch(config)#ip route 0.0.0.0 0.0.0.0 10.10.1.1
//保存配置
Switch(config)#exit
Switch#write
```